Unity 游戏开发技术

程明智　王一夫　编著

国防工业出版社
·北京·

内 容 简 介

本书共分为 8 章,分别讲述 Unity 基础介绍、Unity 游戏场景创建、Unity 游戏脚本介绍、Unity 中模型导入与材质基本概念、模型交互制作、GUI 图形界面、Unity 中人工智能与生命系统知识和 Unity 游戏输出。

本书结合大量 Unity 游戏开发实例,以介绍 Unity 游戏实例开发为主线涵盖了 Unity 游戏开发过程中所需掌握的各个知识点,主要特点是注重实用性和可操作性,可作为高校学生学习网络游戏开发课程的教材,也可以作为网络游戏开发人员的学习参考书。

图书在版编目(CIP)数据

Unity 游戏开发技术/程明智,王一夫编著. —北京:国防工业出版社,2012.8(2015.8 重印)
ISBN 978-7-118-08230-2

Ⅰ.①U... Ⅱ.①程...②王... Ⅲ.①游戏程序－程序设计
Ⅳ.①TP311.5

中国版本图书馆 CIP 数据核字(2012)第 149414 号

※

国防工业出版社出版发行
(北京市海淀区紫竹院南路 23 号 邮政编码 100048)
北京奥鑫印刷厂印刷
新华书店经售

*

开本 787×1092 1/16 印张 15 字数 350 千字
2015 年 8 月第 1 版第 2 次印刷 印数 4001—5500 册 定价 39.00 元(含光盘)

(本书如有印装错误,我社负责调换)

国防书店:(010)88540777   发行邮购:(010)88540776
发行传真:(010)88540755   发行业务:(010)88540717

前　言

随着信息技术的发展，以网络游戏、动漫、影视动画等为代表的数字媒体产业已经成为一个新兴的朝阳产业，相关企业大量涌现，国内开办数字媒体相关专业的高校也不在少数。但是，以网络游戏为例，虽然成熟的网络游戏产业链已经逐渐形成，可是游戏开发专业人才的缺乏已经对产业的发展造成极大的负面影响，如何尽快培养游戏开发人才显得尤为重要。在"全国数字媒体专业建设联盟"的帮助下，本书作为联盟的特色教材得以问世，旨在为高校学生学习网络游戏开发课程提供入门教材，同时也为业内有志于网络游戏开发的技术人员提供工程参考书。

2012 年 4 月，游戏引擎开发商 Unity Technologies 公司正式登陆中国，Unity 开发团队出席在北京举办的 Unity 开发者大会，向 800 多名游戏开发者展示中国地区规划，宣布在上海成立分公司，与 China Cache、奇虎 360 等多家中国科技公司签订合约。目前 Unity 技术社区共有 100 万注册开发人员，包括大型游戏出版商、独立工作室、学生和业余爱好者。

作为深受中国游戏软件商青睐的游戏引擎，Unity 能够帮助用户轻松创建如三维视频游戏、建筑可视化、实时三维动画等类型互动内容，是一个全面整合的专业游戏引擎。除类似于 Unreal Engine3、CryEngine、Blender Game Engine、 Virtools 或 Torque Game Builder 等工具外，Unity 还是一款利用交互图形化开发环境为主要方式的软件。Unity 的编辑器可以运行在 Windows 和 Mac OS 操作系统下，开发出来的游戏可发布至 Windows、Mac、Wii、iPhone OS 和 Android 等平台，基于 Unity Web Player 插件，Unity 还可以发布网页游戏，支持 Mac 和 Windows 的网页浏览。其所倡导的精神是：一次开发就可以确保该游戏部署到所有主流的游戏平台。

本书以 Unity 3.4.2 版本为例，系统地介绍了 Unity 游戏开发实践知识。书中内容分为 8 个模块，分别是：Unity 基础介绍、Unity 游戏场景创建、Unity 游戏脚本介绍、Unity 中模型导入与材质基本概念、模型交互制作、GUI 图形界面、Unity 中人工智能与生命系统知识和 Unity 游戏输出。通过学习本书，可以清楚地掌握 Unity 的基本概念，了解如何从 3ds Max 或 Maya 导入模型，熟悉粒子系统、物理系统、碰撞设定以及光照贴图的使用方法，掌握 JavaScript 语法的概念，熟悉 Unity 游戏作品发布流程。

本书主要特点如下：
(1) 本书是国内为数不多的介绍 Unity 开发引擎的中文书籍之一；
(2) 本书强调实用性和可操作性，书中结合了大量 Unity 游戏开发实例，并以光盘形式提供丰富的案例素材文件，以介绍 Unity 游戏实例开发为主线，涵盖了 Unity 游戏开发过程中需要掌握的相应知识点。

　　本书编写过程中，得到了"全国数字媒体专业建设联盟"相关教师、专家和学者的全力支持，还得到天津市灵感创然动画制作有限公司及其技术人员孙宏、孙瑞娟、张洋、刘杨、王玉强、李坚等的大力帮助，在此向他们表示衷心的感谢！本书编写过程中还参考了"http://game.ceeger.com/ Unity 圣典"和网络教材《使用 Unity 3D 进行游戏开发入门教程》，在此也向"Unity 圣典"的广大无私的翻译者以及 Unity 公司表示诚挚的谢意！

　　由于游戏技术发展迅速，同时受编者自身水平以及编写时间所限，本书难免存在诸多疏漏和不足，敬请广大读者提出宝贵的意见和建议！

编者
2012 年 5 月

目　　录

第1章　Unity 基础介绍 ... 1
1.1　安装 Unity 3D ... 1
1.2　Unity 3D 界面介绍 ... 3
1.2.1　Learning the Interface 学习界面 ... 3
1.2.2　Customizing Your Workspace 自定义工作区 ... 14
1.3　三维导航操作 ... 14
1.4　Unity 3D 基本概念 ... 16
1.4.1　Asset Workflow 资源工作流程 ... 16
1.4.2　Creating Scenes 创建场景 ... 16
1.4.3　Publishing Builds 编译发布 ... 18
练习题 ... 20

第2章　创建游戏基本场景 ... 22
2.1　工程文件夹的创建 ... 22
2.1.1　创建一个新的工程文件 ... 22
2.1.2　保存文件夹中的场景文件 ... 23
2.2　走动设置 ... 24
2.2.1　创建地面 ... 24
2.2.2　创建灯光 ... 24
2.2.3　创建走动的物体 ... 27
2.2.4　场景物体重新命名 ... 28
2.3　创建箱子并设定物理属性 ... 28
2.3.1　创建箱子 ... 28
2.3.2　给箱子添加物理属性 ... 30
2.4　Unity 预设 ... 31
2.4.1　预设物体的概念 ... 31
2.4.2　预设物体的自定义制作 ... 31
2.4.3　预设物体的应用 ... 32
2.5　绘制地形 ... 32

　　　　2.5.1　地面的创建 32
　　　　2.5.2　平行光的添加 33
　　　　2.5.3　地形的抬高与降低 34
　　2.6　绘制草丛 35
　　　　2.6.1　添加草坪贴图 35
　　　　2.6.2　添加草丛 38
　　2.7　添加树木 40
　　2.8　天空盒子 41
　　2.9　添加雾与影子效果 44
　　练习题 47

第3章　脚本介绍 49

　　3.1　Unity 脚本介绍 49
　　　　3.1.1　Unity 脚本文件的创建 49
　　　　3.1.2　常用操作 50
　　3.2　变量和语法 51
　　　　3.2.1　变量 51
　　　　3.2.2　语法 53
　　3.3　函数和事件 55
　　　　3.3.1　函数 55
　　　　3.3.2　事件 56
　　3.4　运算符 57
　　　　3.4.1　算术运算符 57
　　　　3.4.2　赋值运算符 58
　　　　3.4.3　比较运算符 59
　　　　3.4.4　逻辑运算符 59
　　　　3.4.5　位运算符 59
　　　　3.4.6　运算符的优先级 60
　　3.5　if 语句 61
　　3.6　switch 语句和循环语句 62
　　　　3.6.1　switch 语句 62
　　　　3.6.2　循环语句 63
　　3.7　Unity 核心类 64
　　3.8　变量作用域 64
　　　　3.8.1　局部变量 64
　　　　3.8.2　成员变量 65

练习题 67

第 4 章　Unity 中模型的导入与材质的基本概念 69

4.1　利用 3ds Max 三维软件制作 3D 模型及 UV 贴图制作 69
4.1.1　利用 3ds Max 制作 3D 模型 69
4.1.2　利用 3ds Max 制作 UV 贴图 81
4.1.3　normal 法线凹凸贴图的制作 85
4.2　材质贴图规范 87
4.3　Unity 中的着色器 88
4.4　Unity 中模型导入 91
4.5　Unity 中有趣的三维坐标轴 94
4.6　局部与全局坐标系 96
4.7　投掷物体实例制作 98
练习题 100

第 5 章　与模型的交互制作 102

5.1　墙体的交互动画制作 102
5.1.1　为物体添加动画 102
5.1.2　为动画添加脚本 106
5.1.3　设置动画开启范围 108
5.2　Special Effects 特效 110
5.2.1　理解粒子系统 110
5.2.2　火花的点燃 110
5.3　武器与爆炸特效制作 114
5.3.1　拾取物体 114
5.3.2　准备手榴弹 118
5.3.3　手榴弹脚本编写 121
5.3.4　添加爆炸 123
5.3.5　爆炸脚本编写 125
5.4　添加音效 126
练习题 128

第 6 章　GUI 图形用户界面和菜单 130

6.1　理解 Unity GUI 图形用户界面 130
6.1.1　Game Interface Elements 游戏界面元素 130
6.1.2　GUI Scripting Guide 用户图形界面脚本指南 131
6.1.3　UnityGUI Basics 图形用户界面基础 132

6.2 添加 GUI 到游戏中 133
6.3 GUI 脚本编写 138
6.4 生命系统(一) 141
　　6.4.1 添加生命值 GUI 141
　　6.4.2 生命值脚本编写 142
6.5 3D 主菜单 145
　　6.5.1 添加一个 3D 主菜单 145
　　6.5.2 3D 主菜单脚本编写 150
6.6 炮塔 153
　　6.6.1 炮塔的准备和清理 153
　　6.6.2 炮塔对玩家实现跟随性目标注视 159
练习题 160

第 7 章 人工智能与生命系统 162

7.1 AI 人工智能 162
7.2 应用 AI 人工智能 168
7.3 枪支动画 170
7.4 攻击时间计算 173
7.5 生命系统(二) 176
　　7.5.1 减血系统 176
　　7.5.2 游戏结束目录 179
练习题 182

第 8 章 输出游戏 184

8.1 Build Settings 对话框 184
8.2 品质设定 186
8.3 玩家设定 187
练习题 189

附录 1 Unity 3D 快捷键一览表 191

附录 2 Unity 3D 运算符一览表 194

附录 3 MonoBehaviour 基类介绍 196

第1章

Unity 基础介绍

Unity 是一款跨平台的游戏开发工具,从一开始就被设计成易于使用的产品。作为一个完全集成的专业级应用工具,Unity 还包含了价值数百万美元的功能强大的游戏引擎。

本章主要介绍 Unity 的安装、游戏引擎的使用界面、三维导航操作及相关基本概念等,帮助初学者对 Unity 3D 游戏开发工具有个初步的认识。

▶▶1.1 安装 Unity 3D

1. 登录 http://unity3d.com/unity/download/官方网站,并下载 Unity 安装文件,如图 1-1 所示。

注意:Unity 目前最新版本是 3.5,本书以 3.4.2 版本为例。

图 1-1

2. 双击 UnitySetup-3.4.2.exe 安装文件，弹出安装欢迎界面，如图 1-2 所示，单击"Next"按钮。

3. 继续上面的操作，如图 1-3 所示，单击"I Agree"按钮。

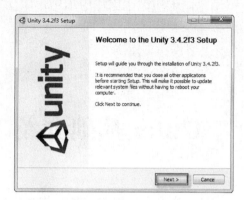 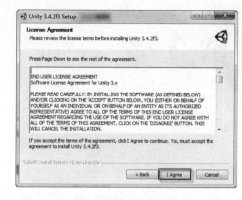

图 1-2　　　　　　　　　　　　　　　图 1-3

4. 继续上面的操作，如图 1-4 所示，单击"Next"按钮。
5. 继续上面的操作，如图 1-5 所示，选择安装路径。

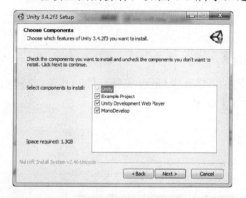 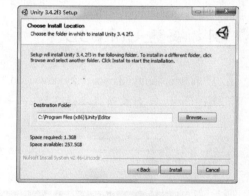

图 1-4　　　　　　　　　　　　　　　图 1-5

6. 如图 1-6 所示，显示安装过程。
7. 如图 1-7 所示，安装完成，单击"Finish"按钮，启动 Unity 编辑器。

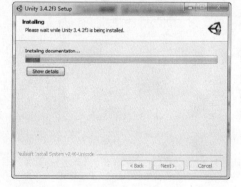 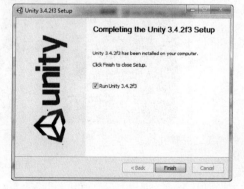

图 1-6　　　　　　　　　　　　　　　图 1-7

8. 启动 Unity 编辑器过程中,弹出 Activation 激活对话框。如图 1-8 所示,当选择"Internet Activation"在线激活方式时,用户到 Unity 官网注册并激活即可。

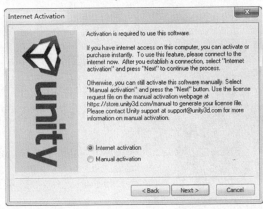

图 1-8

1.2 Unity 3D 界面介绍

1.2.1 Learning the Interface 学习界面

(1) 双击计算机桌面上的 快捷启动按钮,或者执行"开始"→"程序"→"Unity"→"Unity"命令,运行 Unity 程序,如图 1-9 所示,启动过程中弹出欢迎界面。

图 1-9

注意:欢迎界面中出现的场景文件,一般可以在工程目录\Unity Projects\AngryBots\Assets(\Scenes)文件夹下查找到,比如缺省安装为 C:\Documents and Settings\All Users\Documents\Unity Projects\AngryBots\Assets 目录。

(2) Unity 3D 编辑器的学习界面(Learning the Interface),下面我们对 Unity 编辑器的学习界面进行介绍。

如图 1-10 所示，观察 Unity 界面并熟悉 Unity 中有多种类型的面板/视图，但是不需要同时看见所有的面板/视图。下面将详细介绍。

图 1-10

查看显示在视图左上角的名称，可以区分这些视图：
- 场景视图(Scene View)——用于放置游戏物体；
- 游戏视图(Game View)——表示游戏在运行时看起来是怎么样的；
- 层次面板(Hierarchy)——当前场景中所有游戏物体的列表；
- 工程面板(Project)——显示当前打开工程中所有可用的资源；
- 检视面板(Instpector)——显示当前选中物体的细节和属性。

1.2.1.1 Toolbar 工具栏

如图 1-11 所示，工具条中包括五个基本控制，每一个涉及不同部分的编辑。

图 1-11

（1）学会界面操作：即实现对场景/对象的平移、旋转、缩放三种常见操作。这三种操作出现在 ToolBar 工具栏左边的四个按钮，如图 1-12 所示。

图 1-12

详细说明

如图 1-12 所示,左边第一个按钮,主要面向场景的操作;后三个按钮,主要面向物体对象的操作。从左到右的快捷键分别是 Q、W、E、R。

场景平移:单击鼠标中键,也可以单击 Alt+鼠标中键,可平移场景。

场景旋转:单击鼠标右键,也可以单击 Alt+鼠标左键,可旋转场景。

场景缩放:单击 Alt+鼠标右键,可缩放场景。

物体对象平移:移动场景中选择的物体对象(快捷键为 W 键)。

物体对象旋转:旋转场景中选择的物体对象(快捷键为 E 键)。

物体对象缩放:缩放场景中选择的物体对象(快捷键为 R 键)。

(2) 单击"Layers"下拉按钮,弹出层级下拉菜单。当取消对菜单中"Default"的勾选时,场景中默认游戏对象(通过 GameObject 创建的物体)将被隐藏;而当取消对"Water"选项的勾选时,场景中的水将消失;即当 Layers 下拉菜单中所有层级选项均被勾选时,则场景中所有游戏对象均被显示出来。

详细说明

Layers :控制场景视图中的层对象是否显示/隐藏。

(3) 单击"LayOut"下拉框,读者可选择四个选项"2 by 3"、"4 Split"、"Tall"、"Wide"来切换不同的工作区风格。

详细说明

Layout :切换工作区的不同风格。

(4) 继续上一步的操作,单击主工具栏的 ▶ ,运行程序。

(5) 运行程序后,可通过键盘上的方向键(W、A、S、D 键也可)和鼠标来控制第一人物的视角。单击 ▶ 返回编辑器。

详细说明

▶ ❚❚ ▶❙ "Play/Pause/Step Buttons"(运行/暂停/单步执行)按钮,用于游戏视图,查看发布的游戏如何运行。在运行模式下,任何更改都只是暂时的,它们将在退出运行模式时重置复位。

1.2.1.2　Scene View 场景视图

1. Scene View 场景视图

场景视图(Scene View)是一个交互式沙盒。如图 1-13 所示,可以通过它来选择和布置物体、玩家、摄像机等其他所有的游戏对象(GameObject)。

在场景视图中调动和操作对象是 Unity 最重要的功能,所有视图窗口的顶部都有一个不同的控制栏(Control Bar),场景视图(Scene View)的控制栏如图 1-14 所示。

图 1-13

图 1-14

2. Scene View Control Bar 场景视图控制栏

如图 1-15 所示,单击"Textured"右侧的下拉菜单按钮,展开它可以选择场景视图的绘制模式(Draw Mode),可以通过纹理模式(Textured)、线框模式(Wireframe)、纹理-线框模式(Tex-Wire)五种方式查看视图中的所有物体。当选择线框模式(Wireframe)显示游戏场景时,效果如图 1-16 所示。其他显示效果请读者自行尝试,这里就不再赘述。

图 1-15

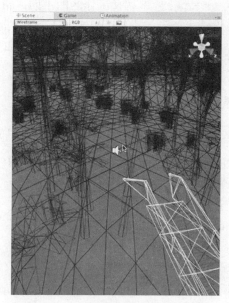

图 1-16

单击"RGB"右侧的下拉菜单按钮，展开它可以选择场景视图的渲染模式(Render Mode)，如图 1-17 所示，分别有 RGB、Alpha、Overdraw 和 Mipmaps 四种模式查看场景中的所有物体。其中以 Overdraw 模式打开场景效果如图 1-18 所示。其他显示效果请读者自行尝试，这里就不再赘述。

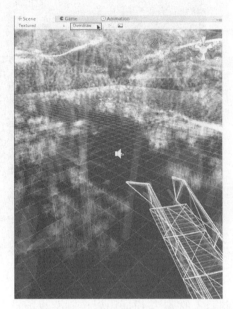

图 1-17　　　　　　　　　　　图 1-18

控制栏上的 ☀ 按钮用来开启或关闭场景中的默认灯光。当启用该按钮时，将看到整个场景中的光照物体的效果；当禁用时，将看到场景中的默认光照效果，如图 1-19 所示。该按钮的启用与否，会影响游戏发布的灯光效果。

图 1-19

控制栏上的 按钮，用以开启或关闭场景中天空盒。如图 1-20 所示，当禁用该按钮时，场景中天空盒消失；启用时，天空盒显示在游戏场景中。

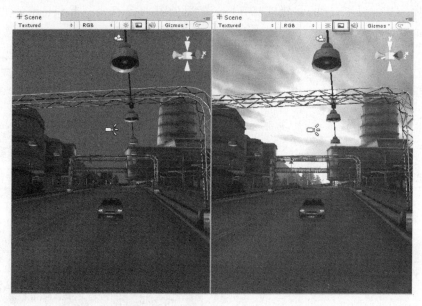

图 1-20

控制器上的 按钮，用以控制游戏场景中添加的声音效果最终开启与否。

1.2.1.3　Game View　游戏视图

1. Game View 游戏视图

游戏视图(Game View)即游戏发布运行时看到的内容。通过平移或旋转场景视图(Scene View)中的相机对象，将看到游戏视图的显示范围变化，如图 1-21 所示。

图 1-21

可以使用一个或多个摄像机来控制玩家在游戏时实际看到的画面。关于更多摄像机的信息，请查看下一节的游戏视图控制栏(Game View Control Bar)，如图 1-22 所示。

图 1-22

2. Game View Control Bar 游戏视图控制栏

单击控制条"Free Aspect"右侧的下拉菜单按钮，如图 1-23 所示。可以用七种不同的方式改变游戏窗口显示的长宽比，用以测试游戏在不同长宽比的显示器中的不同情况。如当选择"16∶9"显示模式后，游戏画面显示效果如图 1-24 所示。

图 1-23　　　　　　　　　　　　图 1-24

控制栏再往右是 Maximize on Play 切换开关，即运行游戏是否最大化视图的切换开关。启用后，单击工具栏(Toolbar)上的播放按钮▶，Unity 编辑器进入运行模式，并将全屏最大化显示游戏视图，如图 1-25 所示。

图 1-25

Maximize on Play 按钮再往右是 Gizmos 切换开关,启用后,所有在游戏视图中出现的 Gizmos 将出现在游戏视图画面中,这包括使用任意 Gizmos 类函数生成的 Gizmos,如图 1-26 所示。

最后是状态按钮"Stats",在渲染状态窗口中,它将显示一些对优化图形性能非常有用的渲染统计状态数值,如图 1-27 所示。

图 1-26

图 1-27

1.2.1.4 Other View 其他视图

单击控制栏右侧的下拉菜单按钮,出现其他可供选择的视图选项,如图 1-28 所示。在下拉菜单中选择动画视图选项(Animation),即可在编辑器的主控制区域添加新的动画视图,其他视图选项这里就不再赘述,请自行尝试。

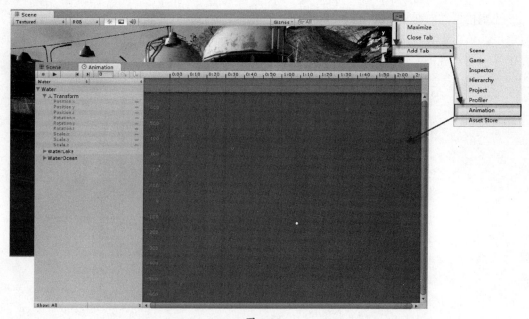
图 1-28

- 控制台 (Console)显示关于消息、警告和错误的日志；
- 动画视图 (Animation)可以用来制作场景中的动画对象；
- 事件探查器 (Profiler)可以用来研究和发现游戏的性能瓶颈；
- 资源存储视图 (Asset Store)可以用于管理使用 Unity 资源项目的版本控制；
- 服务器视图 (Server)可以用来管理 Unity 资源服务器的项目的版本控制。

1.2.1.5 Hierarchy 层级面板

1. Hierarchy 层级面板

层级面板(Hierarchy)包含了当前场景中的所有游戏对象(GameObject)，如图 1-29 所示。其中一些对象是资源文件的实例，如 3D 模型和其他预制组件的实例。当在游戏场景中增加或者删除对象时，层级面板中相应的对象则会出现或消失。

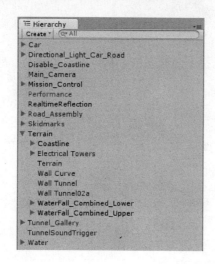

图 1-29

2. 子—父对象

在 Unity 中有子—父对象的概念，即当需要将一个游戏对象成为另一个的子对象时，只需在层级面板中把它拖至另一个对象上即可，如图 1-30 所示。并且一个子对象将继承其父对象的移动和旋转等属性。通过层级面板展开和折叠父对象来查看其子对象。

1.2.1.6 Project View 项目视图

1. Project View 项目视图

每个 Unity 的项目包含一个资源文件夹。此文件夹的内容呈现在项目视图(Project View)，如图 1-31 所示。这里存放着游戏场景中的所有资源，例如，场景、脚本、三维模型、纹理、音频文件和预制组件等。

2. 使用右键菜单查找源文件

如图 1-32 所示，如果在 Project 项目视图里用鼠标右键单击任何资源，在右键菜单中选择"Show in Explorer"选项，便可以在资源管理器中找到该文件本身所在源文件夹中的位置，这样便于对场景中游戏对象的查找和修改。

注意：不能在计算机的资源管理器中人为地移动项目资源对应的文件目录，这将破坏与资源相关的一些源数据，应该使用 Project 项目视图来组织项目的资源文件。

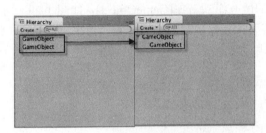
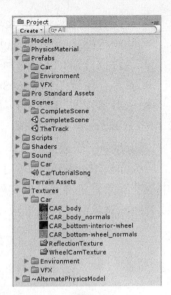

图 1-30　　　　　　　　　　　　　　　　　　图 1-31

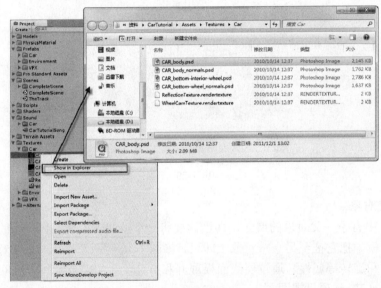

图 1-32

3. 在面板中创建新文件夹

在项目视图(Project)中创建文件夹有两种方法：一种是单击"Create"按钮，在弹出的下拉菜单中选择"Folder"选项，如图 1-33 所示；另外一种方法是"Project"项目面板的任意区域，通过单击鼠标右键，执行 Create→Folder 命令，如图 1-34 所示，便可在该面板创建新的文件夹。

还允许鼠标右键添加脚本、预制组件等对象，并将其拖拽到不同的文件夹中，这样便于有序地管理项目资源文件。另外，通过热键 F2 可以重命名任何资源/文件夹，或通过在资源名字上两次单击(不是双击)来重命名。按住 Alt 键的同时，展开或收起一个目录，所有子目录也将展开或收起。

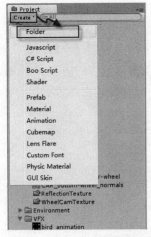
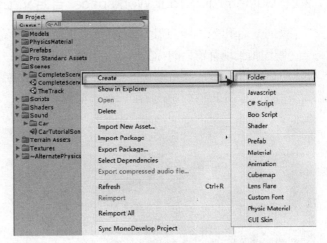

图 1-33　　　　　　　　　　　　　　　图 1-34

1.2.1.7　Inspector 检视视图

Unity 编辑器中游戏场景都是由包含网格模型、脚本、声音和其他图形元素(如光源)等多种游戏对象组成的，检视视图(Inspector)显示当前选定的游戏对象的所有附加组件及其属性的相关详细信息，并可以对场景中的游戏对象的各种属性进行直接修改，即使是脚本变量也可以直接在该面板中进行修改，而无需修改脚本本身的变量初始数值。

如图 1-35 所示，在层级面板(Hierarchy)中选择游戏场景中的 Terrain 游戏对象，就可以在检视视图中查看到该组件的各种变换属性和角色控制等属性，并可以该对象的位置、旋转、缩放等数值直接进行修改。此外，还可以通过 Unity 编辑器上的组件菜单(Component)对游戏物体添加组件，新组件属性都将显示在检视面板，这将在之后的章节案例中具体阐述。

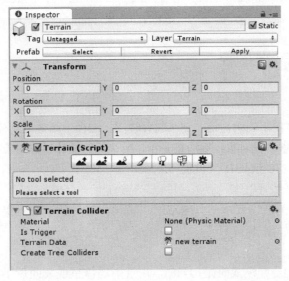

图 1-35

1.2.2 Customizing Your Workspace 自定义工作区

在 Unity 编辑器中，可通过单击并拖动任何视图标签到其他地方来自定义编辑器的布局，将一个视图拖到现有窗口的标签区域将新增一个标签，拖到空白区则会增加一个新的视图窗口，即标签页也可以脱离主编辑器窗口成为浮动编辑器窗口，浮动窗口包含的内容和主编辑器窗口一样。如图 1-36 所示，浮动的视图编辑窗口除了没有工具栏，其他和主编辑窗口一样。

图 1-36

1.3 三维导航操作

1. 鼠标热键

Unity 提供了很多实用的快捷键，便于在各视图、面板中高效地创建游戏对象。例如，在 Hierarchy 面板选择任意游戏对象，然后按 F 键，所选择的物体将在场景视图的中心位置显示。

注意：详见附录 1:Unity 3D 快捷键一览表

2. Scene Gizmo 场景小工具

在场景视图右上角是场景小工具(Scene Gizmo)。这里显示场景摄像机的当前方向，可以快速地变换视角。如图 1-37 所示，当 Gizmo 为 "Persp" 模式时，场景中物体呈现近大远小的透视效果。

而当 Gizmo 为 "Iso" 模式时(图 1-38)，场景中物体呈现表面近小远大，而实际等距的效果。

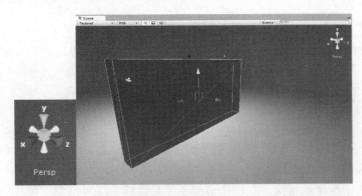

图 1-37

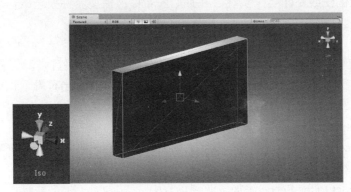

图 1-38

3. 自定义界面布局

如图 1-39 所示，单击 Unity 右上侧的按钮，弹出的下拉菜单提供了 4 种编辑器布局方式。当选择"4 Split"选项时，结合使用场景小工具，便可以在 Unity 主工作区域，通过四个不同的 Scene 场景视图观察场景中游戏对象。

图 1-39

▷▷ 1.4　Unity 3D 基本概念

1.4.1　Asset Workflow　资源工作流程

1. Create Rough Asset 创建粗糙资源

使用 Unity 支持的 3D 模型软件，如 3ds Max、Maya 等，能够导出"FBX"格式文件的软件均可以来创建一个粗模。

要求模型的面数尽量精简，在这个前提下尽量逼真，这可以通过精致的贴图文件和表现模型凹凸效果的法线贴图等来实现，并且贴图名称与模型名称要一致，这样便于查找和修改。

2. Import 导入

当最初保存资源文件时，应该将资源文件保存到创建的项目资源文件夹下。当打开 Unity 工程时，资源文件将会被检测到并且被导入到项目当中。当查看项目视图时会发现资源已经被放置到视图当中了。

3. Import Settings 导入设置

当选中 Project 项目视图中的一个资源，则输入设置会出现在 Inspector 检视面板中。基于选中的资源类型检视面板中会显示一些可以用来更改的操作。

4. Adding Asset to the Scene 添加资源到场景中

单击并且拖拽 Project 项目视图中的物体对象到层级面板，或者是 Scene 场景视图中，就可以添加该对象到场景中了。当拖拽一个网格对象到场景中，就创建了一个拥有网格渲染组件的游戏对象。如果要使用材质或者是声音文件，可以添加它们到存在于场景或者是项目中的游戏对象上。

5. Creating a Prefab 创建一个预制体

预制体是一个集游戏对象以及组件为一体的物件，可以在游戏场景中重复利用，可以从一个简单的预制体中创建完全一样的对象，这个过程被称作实例化。

例如，创建一个树的预制体，可以允许实例化几个同样的树并且可以将放置到游戏场景中，因为所有的实例都连接到了预制体。只要修改了预制体那么将会自动更改预制体生成的所有实例对象。所以，如果想要更改网格对象、材质等物体，只需要更改一次预制体，那么所有继承过来的对象都会跟着更改，这为更新资源节省大量的时间。

6. Updating Assets 更新资源

对资源进行编辑，需要在 Project 项目视图中双击该资源，适当的应用将会被启动，就可以做一些需要的修改。在更新完后，需要进行保存。然后当回到 Unity 时，更新会被检测到，资源将会被重新导入，连接到预制体的资源也会随之更新。

1.4.2　Creating Scenes　创建场景

1. Game Objects 游戏对象

如图 1-40 所示，所有可以放置到 Scene 面板中的网格模型、音乐、粒子等文件都可以称为游戏对象。游戏对象上可以附加刚体、音乐等组件信息，也可以被脚本调用。

第 1 章　Unity 基础介绍

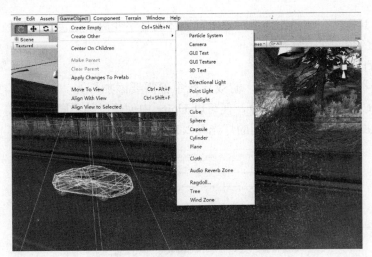

图 1-40

2. Using the Inspector　使用检视面板

通过调节 Inspector 检视视图中的 Transform、Rotation、Scale 的数值，可以调整游戏对象的位置、旋转和缩放比例。

3. Using the Scene View　使用场景视图

Scene 视图可以理解为游戏的后台，在该视图中观察的效果基本就是游戏运行后的位置效果。在该视图通过使用 F、W、E、R 快捷键，可以快速地实现对场景中游戏对象的查找、移动、旋转和缩放功能。

4. Searching　搜索

当 Project 面板资源文件或者 Scene 视图中游戏对象过多时，选择物体对象的准确率就会降低。如图 1-41 所示，在 Project 面板或者 Hierarchy 面板的搜索输入框中输入需要查找对象的名称或者名称前几个字母，就可以快速地将其查找出来。进而便于资源文件在 Inspector 检测面板中的各组件属性，也便于快速将 Project 面板中的对象拖拽到 Scene 场景视图中，从而快速创建游戏对象。

5. Prefabs　预设

如图 1-42 所示，执行 Assets→Create→Prefab 命令，便可以在项目面板中创建一个新的预制体，"F2" 快捷键便可以重命名该对象。然后，选择场景中想要制作成预制体的游戏

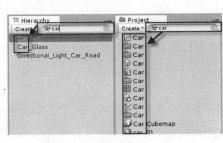

图 1-41

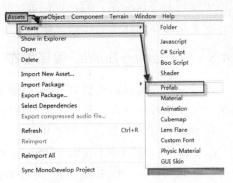

图 1-42

对象，然后将其拖拽到该预制体上，这时预制体的名字变成了蓝色，即已经创建了一个可以重复被利用的预制体对象。

6. Lights 灯光

除了一些极少数的例子以外，游戏场景中都需要添加灯光。如图 1-43 所示，执行 GameObject→Create Other→...命令，便可以 Unity 中创建三种不同类型的灯光。灯光主要用于为游戏增加气氛与氛围，不同的灯光可以有效地烘托游戏的氛围。

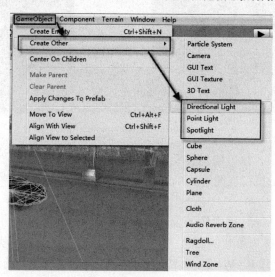

图 1-43

7. Cameras 摄像机

在 Unity 编辑器中，执行 GameObject→Create Other→Camera 命令，便可以创建一个摄像机对象。摄像机相当于玩家的眼睛，所有玩家在游戏时看到的都是通过一个或者多个摄像机来呈现的。摄像机可以像其他游戏对象一样，移动、旋转自身来改变其父摄像机；一个摄像机就可以理解为对一个游戏对象添加了一个摄像机组件，因此像操作游戏对象一样操作摄像机。

8. Particle Systems 粒子系统

粒子在 Unity 中是用来制造烟雾、蒸汽、火及其他大气的效果。粒子系统通过使用一或两个纹理并多次绘制它们，以创造一个混沌的效果。一个粒子系统是由三个独立部分组成：粒子发射器、粒子动画器、和粒子渲染器。

1.4.3 Publishing Builds 编译发布

创建游戏的时候，需要查看其在编辑器之外独立运行或在网页中播放的情况。本节将讲解如何使用发布设置，发布本地游戏进行测试的方法。

1. 添加场景文件到发布列表中

在 Unity 菜单栏中执行 File→Open Scene 命令，打开 Unity 欢迎界面中出现的 "Bootcamp.unity" 场景文件。一般可在目录\Unity Projects\AngryBots\Assets(\Scenes)文件夹下查找到。

然后，在 Unity 编辑器中执行 File→Build Settings/Build & Run 命令，弹出 "Build

Settings"窗口。如图 1-44 所示,当首次在一个项目中执行该命令时,该窗口是空白的。单击"Add Current"按钮,便将当前打开的场景添加到列表中。

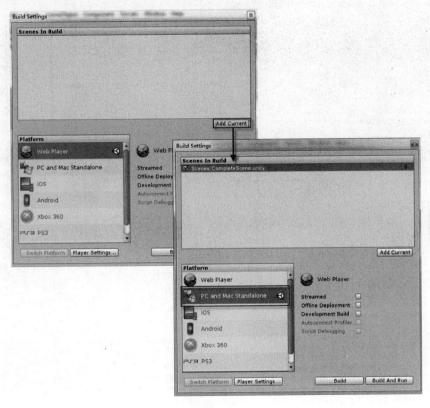

图 1-44

为多场景作品添加场景文件到列表中有两种方法:第一种方法是单击"Add Current"按钮,你会看到当前打开的场景出现在列表中;第二种添加方法是将 Project 项目面板的".unity"场景文件拖到该列表中。

可以在列表中拖动某个场景文件到其他场景上面或下面,实现重新排序。从列表中删除场景,只需单击选中按删除键,该场景会从列表中消失。

2. 发布设置

在 Platform 面板中选择一个发布平台,以常见的"PC and Mac Standalone"单机运行进行讲解(即创建可用于 Windows 和 Mac 系统的独立应用程序),在"Build Settings"窗口单击"Player Settings..."按钮,如图 1-45 所示,在 Unity 面板的 Inspector 检测面板出现"Player Settings..."卷展栏。在该面板可以对游戏场景发布时的默认长宽、是否满屏、运行图标等进行设置。

3. Texture Compression 纹理压缩

在编译设置,会出现纹理压缩选项。Unity 默认为没有单独的纹理格式重写的纹理,使用 ETC1/RGBA16 纹理格式。

如果想生成一个应用程序包(.apk 文件)针对一个特定的硬件架构,可以使用纹理压缩来覆盖默认的行为。为确保应用程序部署的设备支持选择的纹理压缩格式,Unity 将编辑

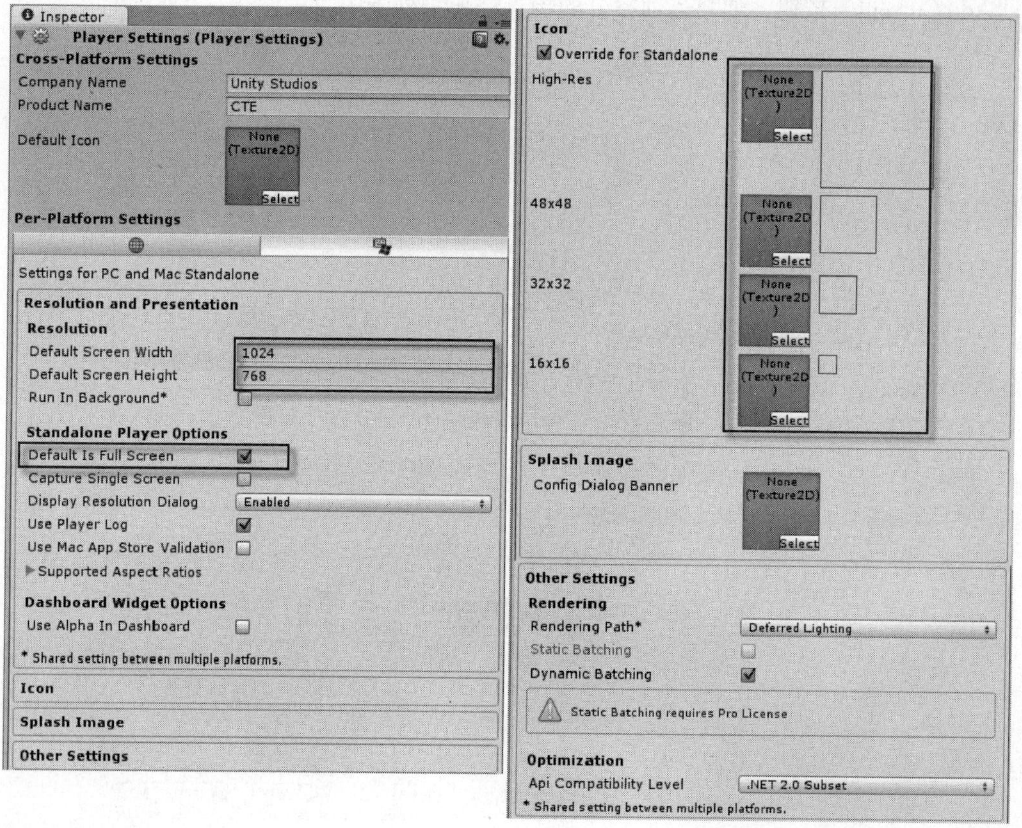

图 1-45

AndroidManifest 包含标签匹配所选的特定格式。这将启用 Android Market filtering mechanism 过滤机制，仅用于带有相应图形硬件的设备启用应用程序。

4. 创建独立游戏

发布设置完成后，单击"Build Settings"窗口中的"Build"按钮。在弹出的对话框中选择保存路径，Unity 便在 Windows 系统中将创建一个"××.exe"可执行文件和一个数据文件夹。单击".exe"文件，便可以在本地计算机上测试游戏运行情况了。因此，只有同时提供".exe"文件和关联的数据文件夹才能在其他计算机上运行发布的游戏场景。

练 习 题

1. 登录 Unity 官方网站，下载安装 Unity 软件。
2. 启动 Unity，打开 1 个场景文件，熟悉 Unity 界面。

第1章 Unity 基础介绍

读书笔记：

第 2 章 创建游戏基本场景

本章通过练习一个完整的案例，讲解如何使用 Unity 创建一个简单的基本场景，练习如何在场景中创建灯光、地面、草丛、树木等游戏对象，并实现添加雾和实时阴影的效果。

2.1 工程文件夹的创建

2.1.1 创建一个新的工程文件

单击菜单栏中 File 选项，选择下拉列表中的"New Project"新工程文件夹，在弹出的新窗口中勾选"Character Controller.unityPackage"、"Standard Assets(Mobile).unityPackage"、"Skybox. unityPackage"、"Terrain Assets. unityPackage"等 4 个关键的标准组件，单击 Create 创建，如图 2-1 所示，这样一个新的工程文件夹就创建好了。

注意：File 菜单栏中的 New Scene 与 New Project 含义是有区别的，如图 2-2 所示，Project 工程文件是指一个整体的项目文件，包括很多不同的场景和菜单，而 Scene 场景只是游戏中一个单独的位置或区域。

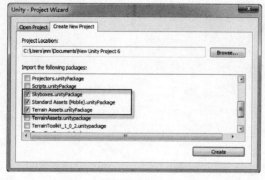

图 2-1

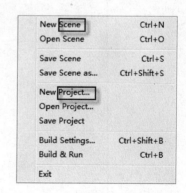

图 2-2

同样，与其他软件相同，如若需要打开其他的工程文件，只需单击 File 菜单栏中的"Open Project"即可，此处操作简单，不再赘述。

2.1.2 保存文件夹中的场景文件

案例 2-1

(1) 在新建一个工程文件夹后，需要对 Scene 场景文件进行保存。如图 2-3 所示，选择菜单栏中的"File"选项，单击下列列表中的"Save Scene"保存场景选项，弹出一个对话框，对话框显示出工程文件夹的路径，新建一个文件夹，命名为"Scenes"，将文件名称保存为"Scene1"，单击"OK"确定。在 Unity 的 Project 面板中，会自动重新加载新建的文件夹，如图 2-4 所示。

图 2-3

图 2-4

(2) 创建文件夹还有类似的方法，如图 2-5 所示，在 Project 面板中，单击鼠标右键，在弹出面板中，选择 Create 栏下的"Folder"按钮，新建一个名为"Models"的文件夹，这个文件夹用来放置所有场景中的模型文件。同理新建一个名为"Materials"的文件夹，用来放置场景中所有的材质纹理文件。面板中创建的文件夹会同样的生成在计算机中的工程文件夹的目录下，所以这样创建文件夹的方法更加方便和直观。

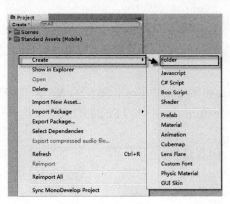

图 2-5

(3) 按 Ctrl+S 组合键，保存场景。

注意：在 Project 面板中，新建文件夹时，偶尔会创建到已有文件夹内部，如有需要可以鼠标选中并拖拽出来即可。另外，需要对文件夹重新命名时，只需要鼠标左键单击文件夹文字部分，即可重新命名。

2.2 走动设置

2.2.1 创建地面

案例 2-2

(1) 打开"Scene1.unity"场景文件，继续上一节的操作。

(2) 如若需要摄像机或者虚拟人物在场景中自由走动，那么一定要先进行地面的设置。如图 2.6 所示，在 Unity 菜单栏中执行 Game Object→Create Other→Cube 命令，场景中创建了一个立方体。场景中默认创建的 Cube 立方体在视图中显示的特别小，并且坐标位置也可能没有归零。在选中 Cube 情况下，在 Inspector 面板中将 Cube 的 Transform 属性，即 X、Y、Z 轴的 Position 位置属性分别设置为 0，如图 2-7 所示。

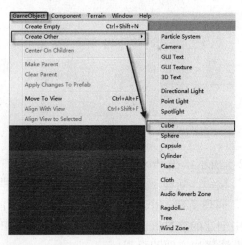

图 2-6

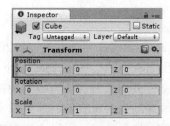

图 2-7

(3) 选中 Cube，在 Scene 视图中单击键盘上的 F 键，即能够快速聚焦到选中物体上。视图中的立方体是一个长宽高都为 1m 的正方体，具体参数可以参看图 2-7 中 Scale 选项中的数字。

(4) 改变 Cube 的大小，将图 2-7 中 Scale 属性的 X、Z 轴方向都设置为 20，Y 轴改为 0.3，即 Inspector 面板中 Transform 属性中的 Scale 的大小。这样一个简单的地面就做好了，如图 2-8 所示。

(5) 按 Ctrl+S 组合键，保存场景。

2.2.2 创建灯光

案例 2-3

(1) 打开"Scene1.unity"场景文件，继续上一节的操作。

(2) 在 Unity 菜单栏中执行 Game Object→Create Other→Point Light 命令，在场景中创建一盏灯光，如图 2-9 所示。

第 2 章 创建游戏基本场景

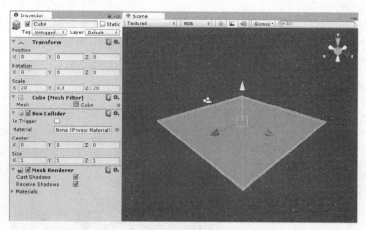

图 2-8

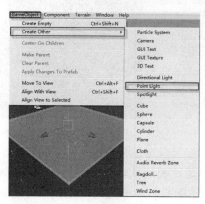

图 2-9

(3) 调整灯光的 X、Y、Z 轴的位置，选中灯光的情况下，将 Inspector 面板中灯光的 Transform 属性中的 X、Z 轴的值改为 0。鼠标移至灯光的 Y 轴上，并且按下鼠标左键选中 Y 轴，此时 Y 轴的颜色变为黄色，上移鼠标，拖拽灯光向上移动。此时地面上就会显现出一个明亮的光斑，如图 2-10 所示。

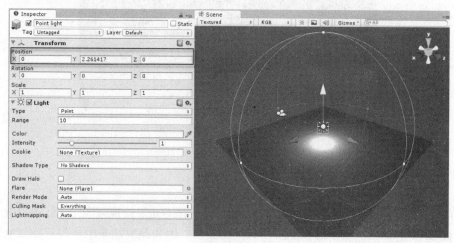

图 2-10

(4) 修改灯光的参数，并调整灯光在场景中的适当位置使得整个场景灯光显得柔和舒适。首先，在选中灯光的情况下，在灯光的 Inspector 面板中改变灯光(Light)属性中的范围(Range)，大小改为 30，强度(Intensity)改为 0.7。继续向上移动灯光的位置，选中灯光的 Y 轴，上移直到地面上没有过度曝光的光斑为止，如图 2-11 所示。

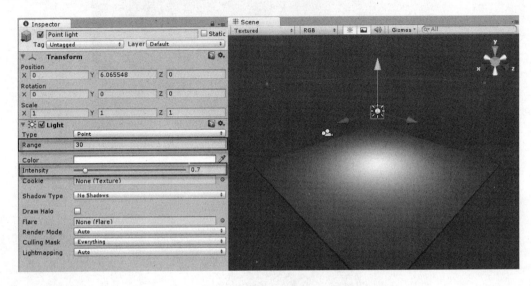

图 2-11

注意：灯光的显示，可以通过关闭或者打开 Scene 视图面板工具栏上的 ☀ 小图标在场景中显示灯光效果，如图 2-12 所示，即为关闭灯光效果后的场景。

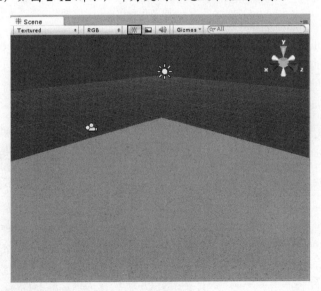

图 2-12

(5) 单击 ▶ Ⅱ ▶| 运行按钮，对场景进行预览。在 Game 检视视图中，场景灯光和地面显示如图 2-13 所示。单击鼠标和键盘没有任何反应，因为此时场景中还没有添加任何的交互功能。

图 2-13

(6) 按 Ctrl+S 组合键,保存场景。

2.2.3 创建走动的物体

在进行了场景灯光和地面的设置后,下面就进行场景中第一人称摄像机的走动设置。

案例 2-4

(1) 打开"Scene1.unity"场景文件,继续上一节的操作。

(2) 在 Project 项目面板中的搜索工具栏中键入"First Person Controller"字样,面板中会出现一个名为"First Person Controller"的预设。它是在创建 Standard Assets 时,Unity 提供给我们的一个第一人称摄像机的预设,十分方便易用,如图 2-14 所示。另外,预设作为知识点,会在后面几章中详细阐述。

图 2-14

(3) 拖拽"First Person Controller"到视图中,同样调整其在视图中的 X、Y、Z 轴的坐标,在选中它的情况下,将 Inspector 中 Transform 属性下的 Position 的 X、Z 值分别调整为 0,并且运用移动工具拖拽"First Person Controller"的 Y 轴向上,使得"First Person Controller"能够站立在地面上,并且比地面稍微高一点,如图 2-15 所示。

注意:摆放"First Person Controller"时,不能与地面相交,一定要使得它能够高于地面一些,以防止在播放运行的过程中,"First Person Controller"穿透地面,无尽下落。

小知识点

"First Person Controller"即第一人称控制器实际上是一些捆绑在一起的游戏物体,单击其在层级面板中的小三角按钮,能够清晰的看到,"First Person Controller"包括两部分组成:Graphics 与 Main Camera。Graphics 是指被捆绑的物体视图中即胶囊形的物体。

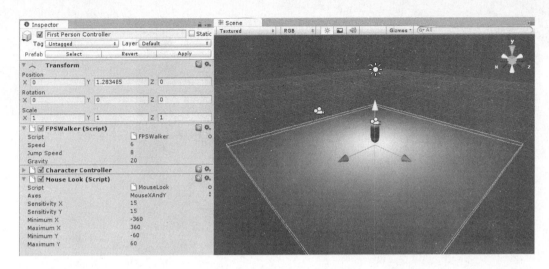

图 2-15

(4) 删除 Hierachy 层级面板中多余的摄像机 Main Camera，然后单击 ▶❚❚▶ 运行程序，通过控制键盘上的 W、S、A、D 键或者↑、↓、←、→键就可以进行前后左右的走动，通过鼠标的移动，就可以实现四周的效果。这样，第一人称摄像机走动的效果就完成了。

(5) 按 Ctrl+S 组合键，保存场景。

注意：游戏运行时，在 Hierarchy 面板选择"Player"游戏父对象，如图 2-16 所示，检查在 Inspector 面板中的 FPSWalker 与 MouseLook 脚本文件是否丢失，否则摄像机在 Game 视图无法自由旋转或移动。缺省情况下是已经构选上了，不需要处理。

2.2.4 场景物体重新命名

保证场景中的物体容易区分，在制作的过程中，务必要命名规范，尤其是在大型的场景中。选择灯光，在 Inspector 面板中给灯光重新命名为 light，具体如图 2-17 所示。同样选择 Cube，重新命名为 floor。

图 2-16

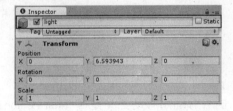

图 2-16

▷▷2.3 创建箱子并设定物理属性

2.3.1 创建箱子

案例 2-5

(1) 打开"Scene1.unity"场景文件，继续上一节的操作。

(2) 继续之前的场景进行制作。在 Unity 菜单栏中执行 Game Object→Create Other→Cube 操作，如图 2-18 所示。

(3) 给新建的 Cube 重新命名为 Crate，并且通过工具栏中的移动工具调整其位置，使之高于地面并且在摄像机的初始视角范围内，可以在参照 Game 视图的监看情况下一起调整，如图 2-19 所示。

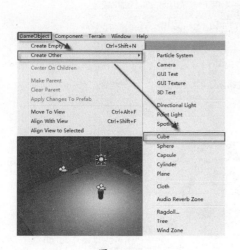

图 2-18

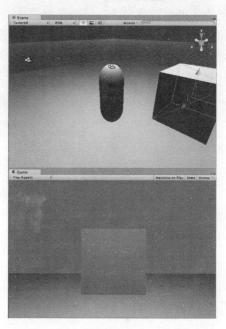

图 2-19

(4) 如图 2-20 所示，新建的 Cube 立方体本身有三个属性，分别是 Cube(Mesh Filter)，即立方盒子的默认属性；Box Collider，即盒子的碰撞属性，取消勾选盒子的这个属性，盒子本身就没有了碰撞的属性；最后一个 Mesh Renderer 是盒子在视图中渲染器的显示属性，取消勾选后，盒子在视图中就不可见了。

(5) 按 Ctrl+S 组合键，保存场景。

图 2-20

2.3.2 给箱子添加物理属性

案例 2-6

(1) 打开"Scene1.unity"场景文件，继续上一节的操作。

(2) 单击 ▶Ⅱ▶ 运行这个场景，在 Game 视图中，发现盒子的悬空漂浮着，不能掉落。在选中 Cube 的情况下，单击菜单栏中的 Component→Physics→Rigidbody，给盒子添加一个刚体属性，如图 2-21 所示。同样，单击 ▶Ⅱ▶ 在此运行这个场景，可以看到盒子从空中掉落了下来，刚体的物理属性就成功地添加给了 Cube。

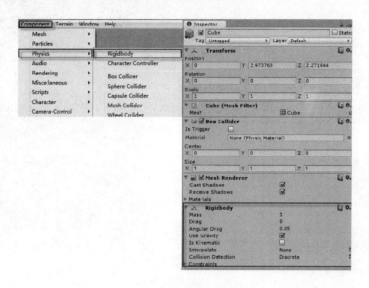

图 2-21

(3) 为了更加生动地观测盒子的物理属性，可以复制一个盒子，使得两个盒子中间也产生碰撞。选中盒子，在菜单栏中执行 Edit→Duplicate 命令，并利用移动工具在视图中将盒子移动到相应的位置与前一个盒子交叠对方即可，如图 2-22 所示。

(4) 单击 ▶Ⅱ▶ 运行场景，两个盒子自动掉落并进行真实地碰撞和掉落。

注意： 场景中角色不需要添加 Rigidbody 属性，而需要添加一个角色控制器，如图 2-23 所示。角色控制器与真实的物理属性并不相同，能够使得角色在场景中走动、跑动，以及进行相应的运动，其具体属性设置与脚本编写将在后边的章节中进行详细讲解。

(5) 按 Ctrl+S 组合键，保存场景。

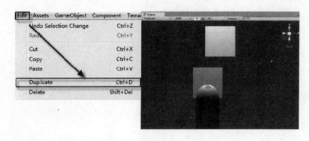

图 2-22

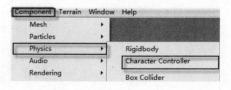

图 2-23

2.4 Unity 预设

2.4.1 预设物体的概念

在前面的制作过程中，大家已经接触到了 Prefab 预设，其中"First Person Controller"就是一个典型的 Unity 预设。有了预设，我们可以避免很多不必要的多次复制和添加，从而更加方便地进行场景的设置。下面来具体讲解 Prefab 的自定义制作。

2.4.2 预设物体的自定义制作

案例 2-7

(1) 打开"Scene1.unity"场景文件，继续上一节的操作。

(2) 选择菜单栏中的 Assets→Create→Prefab 选项，在项目文件夹中创建了一个 Prefab 预设文件，并给预设文件重新命名为 Crate，如图 2-24 所示。可以见到项目文件夹中新增了一个命名为 Crate 柳条箱的预设文件，并且其预设文件的颜色是灰色的，表示预设物体内是空的，还需要添加物体，如图 2-25 所示。

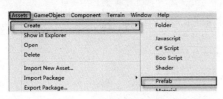

图 2-24

图 2-25

(3) 拖拽上一节中制作的盒子到新增的预设上。可见预设物体颜色变为蓝色，表示预设物体不在是空的了，选中预设物体的情况下，Inspector 面板中会有 Crate 相关的属性显示，如图 2-26 所示。

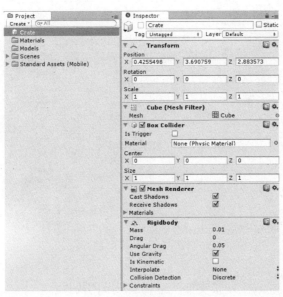

图 2-26

(4) 在 Project 面板中单击鼠标右键创建一个文件夹，文件夹命名为"Prefabs"，如图 2-27 所示。拖拽 Crate 预设到新增的 Prefabs 文件夹中，并且删除之前在 Hierarchy 中所创建的 Crate。

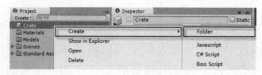

图 2-27

(5) 按 Ctrl+S 组合键，保存场景。

2.4.3 预设物体的应用

从 Project 面板中多次拖拽新增的预设物体 Crate 到场景视图中，场景中就创建了多个 Crate 柳条箱。改变其中一个柳条箱的重量 Mass 值为 2，并且单击"Apply"按钮，场景中的预设值就会做出相应的改变，并且已经创建的柳条箱的重量值 Mass 就会做出相应的变化，如图 2-28 所示。

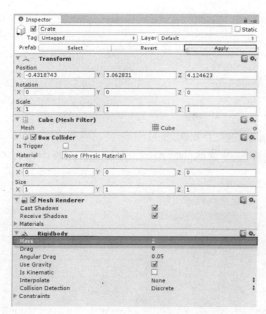

图 2-28

▶▶2.5 绘制地形

2.5.1 地面的创建

案例 2-8

(1) 打开"Scene1.unity"场景文件，继续上一节的操作。

(2) Unity 创建地形的功能是异常强大的，利用 Unity 能够轻松创建出面数少、细节多的复杂地形。打开菜单栏中地形栏的下拉列表，执行以下操作 Terrain→Create Terrain，创建一个地形，我们可以看到地形在视图窗口的顶视图十分庞大，视图中只能观看到一部分地面，如图 2-29 所示。

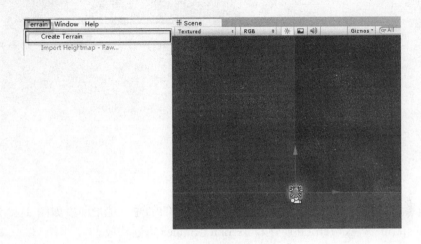

图 2-29

(3) 选中菜单栏中的 Terrain 地形面板，在下拉菜单 Terrain 中选择 Set Resolution 设置分辨率选项，弹出如图 2-30 所示的面板，设置其中的地形长度(Length)和宽度(Width)分别为 200(默认是 2000)，单击面板右下角的"Set Resolution"按钮确定。此时，视图中的地形已经变为 200×200 的大小了。

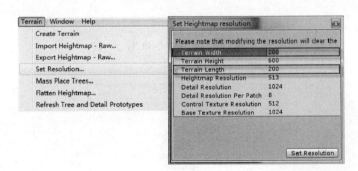

图 2-30

(4) 按 Ctrl+S 组合键，保存场景。

2.5.2 平行光的添加

案例 2-9

(1) 打开"Scene1.unity"场景文件，继续上一节的操作。

(2) 选择菜单栏中的 Game Object→Create Other→Directional Light 选项，在场景中打一盏目标平行光，调整其光照角度和光的强弱程度，使得场景中的光照均匀，如图 2-31 所示。

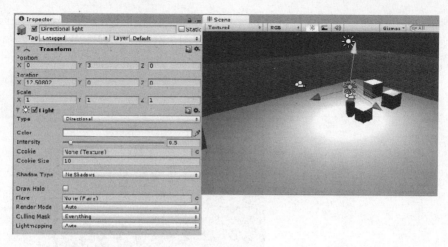

图 2-31

(3) 场景灯光基本设置完毕,下面着重讲解地形的创建。地形面板如图 2-32 所示,由地形的 Transform 属性、Terrain 属性和 Terrain Collider 属性构成。

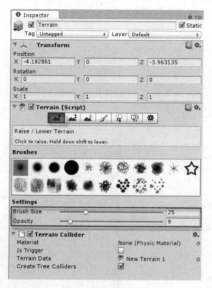

图 2-32

(4) 按 Ctrl+S 组合键,保存场景。

2.5.3 地形的抬高与降低

案例 2-10

(1) 打开"Scene1.unity"场景文件,继续上一节的操作。

(2) 单击 Terrain(Script)属性的按钮栏目中第一个名称为"Raise and lower the terrain height"的按钮,增加或者降低地形的高度。调整笔刷的大小为 25、透明度为 9,如图 2-32 所示,在场景中拖拽鼠标在地形上移动,场景中的地面就被抬高了,按 Shift 键的同时单击鼠标左键在抬高的地面上移动,山体的高度就被修改低了,如图 2-33 所示。

第 2 章　创建游戏基本场景

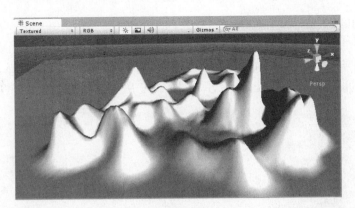

图 2-33

注意：建议保持 Opacity 的值尽量小，使得场景在制作地形的时候能够逐步地提升或者是降低。

(3) 选择 Terrain(Script)面板中的第二个按钮 ![btn]，即 "Set the terrain height"。调整地形的高度。如图 2-34 所示，在笔刷的涂抹下，大片凹凸不平的山地被划分为统一的高度 5.8。所以这个功能十分适合制作山体上的道路。

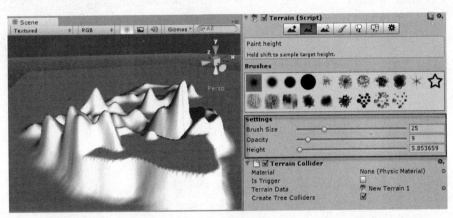

图 2-34

(4) 按 Ctrl+S 组合键，保存场景。

2.6　绘制草丛

2.6.1　添加草坪贴图

案例 2-11

(1) 打开 "Scene1.unity" 场景文件，继续上一节的操作。

(2) 在 Hierarchy 面板中选择场景中的 "Terrain" 地面对象，单击其 Inspector 面板 Terrain(Script)卷展栏下的 ![btn] 按钮。这个类似于笔刷一样的按钮是绘制贴图使用的，名称为 "Paint the terrain texture"，如图 2-35 所示。

(3) 单击"Edit Textures",选择"Add Texture",弹出一个窗口,在该窗口中用鼠标点示 Splat 条右端的圆圈,显示出一个新的对话框,对话框中已经有很多贴图了。贴图都是在创建新的工程文件夹时,由"Stand Assets"打包生成的。在搜索栏键入"grass",选择一张"Grass(Hill)"的贴图,单击"Add"添加,如图 2-36 所示,该对话框中草坪贴图就被均匀地赋给地面了。

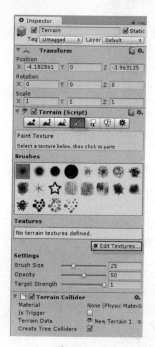

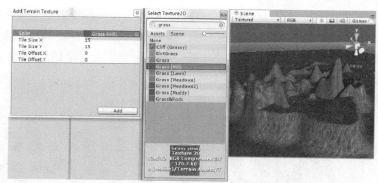

图 2-35　　　　　　　　　　　　图 2-36

(4) 同样,单击"Edit Texture",选择 Add Texture 添加贴图,同上一步骤一样,添加一张"GoodDirt"土地的贴图,如图 2-37 所示。

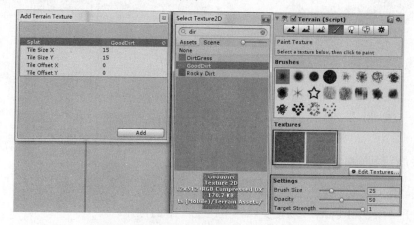

图 2-37

(5) 选中笔刷,并且调整笔刷的大小,在 Terrain 游戏对象上有选择地区域性刷新局部地面,如图 2-38 所示,Terrain 对象上融合了两种贴图信息。

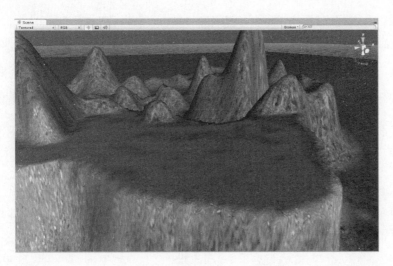

图 2-38

（6）继续前面的操作，在 Hierarchy 面板中选择 Terrain 地面对象，在其 Inspector 面板中单击"Edit Texture"按钮，在弹出的"Add Terrain Texture"面板中"Select Texture2D"选择"Grass&Rock"贴图对象，然后，单击"Add"按钮，如图 2-39 所示，即在 Inspector 面板的"Texture"卷展栏中添加了第三种贴图对象。

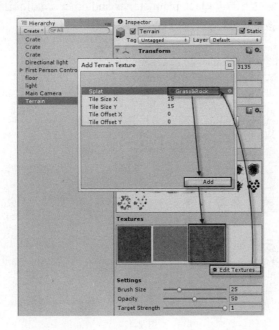

图 2-39

（7）在 Inspector 面板"Settings"卷展栏中设置重新笔刷的大小、类型等，并在"Texture"卷展栏中选择"Grass&Rock"贴图对象，如上述步骤(5)，在 Terrain 游戏对象上区域性刷新地面，如图 2-40 所示，Terrain 对象上融合了第三种贴图信息。

（8）按 Ctrl+S 组合键，保存场景。

图 2-40

2.6.2 添加草丛

案例 2-12

(1) 打开"Scene1.unity"场景文件，继续上一节的操作。

(2) 在 Hierarchy 面板中选择 Terrain 地面对象，如图 2-41 所示，在其 Inspector 面板中单击 Terrain(Script)卷展栏下的"Place plant,stones and other small foilage"按钮，然后，单击"Edit Details..."按钮，弹出"Add Grass Texture"对话框。

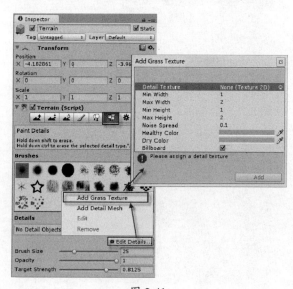

图 2-41

(3) 单击"Add Grass Texture"对话框中的 添加按钮，如图 2-42 所示，在弹出的"Select Texture2D"对话框中选择"Grass"贴图对象，然后，再单击"Add"按钮。

(4) 如图 2-43 所示，"Details"面板新添加了一个"Grass"贴图对象；在"Brushes"面板选择间距比较分散的笔刷类型，并调节"Brush Size"、"Opacity"、"Target Strength"到较小的数值，即减小笔刷在刷新种植物体时的密度和力度。

第 2 章 创建游戏基本场景

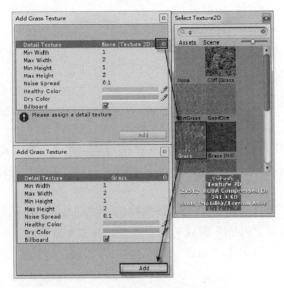

图 2-42

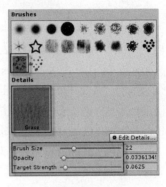

图 2-43

（5）继续上面的操作，在 Scene 视图中，控制鼠标在 Scene 视图的"Terrain"对象上刷新种植草丛。单击 Unity 工具栏上的 ▶ 按钮，运行游戏场景，如图 2-43 所示，Game 视图中地面对象被添加了草丛对象，并且草丛对象呈现随风摆动的效果。

（6）再次单击 ▶ 按钮，结束游戏。

（7）选择"Terrain"地面对象，单击其在 Inspector 面板 Terrain(Script)卷展栏下的"Settings for the terrain"按钮(太阳形按钮)，如图 2-45 所示。在 Terrain Settings 卷展栏中，将"Wind Settings"面板中的 Speed、Size、Bending 三个参数的数值分别调节为 0.25、0.25、0.2，即在该面板中可以对场景中默认风速等的参数进行调节。

图 2-44

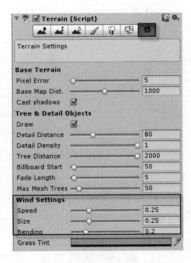

图 2-45

（8）单击 ▶ 按钮，可以发现 Game 视图中的"Grass"草丛对象随风摆动的幅度明显降低。再次单击 ▶ 按钮，结束游戏。

(9) 按 Ctrl+S 组合键，保存场景。

▷▷2.7 添加树木

案例 2-13

(1) 打开"Scene1.unity"场景文件，继续上一节的操作。

(2) 在 Hierarchy 面板中选择场景中的 Terrain 地面对象，如图 2-46 所示，单击其在 Inspector 面板中的"Place Trees" 按钮；然后，单击"Trees"卷展栏下的"Edit Trees..." 按钮，弹出"Add Tree"对话框。

(3) 继续上面的操作，单击"Add Tree"对话框中的 ◎ 添加按钮，如图 2-47 所示，在弹出的"Select GameObject"对话框中选择"Palm"游戏对象；然后，在"Add Tree"对话框中设置"Bend Factor"数值为 1；最后，再单击"Add"按钮。

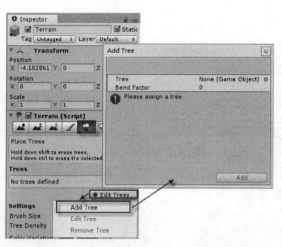
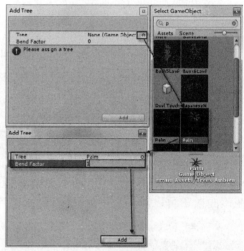

图 2-46　　　　　　　　　　　　图 2-47

(4) 如图 2-48 所示，选择 Hierarchy 面板 Trees 卷展栏中"Palm"树木对象，并在"Settings"卷展栏中对"Brush Size"，"Tree Density"、"Tree Height"等的参数进行调节，即对即将种植的树木密度、树高等进行预先调节。

(5) 在 Scene 视图中，控制鼠标在 Terrain 对象上种植树木对象，如图 2-49 所示。在种植的过程中随时可以对 Inspector 面板"Settings"卷展栏下的诸多参数进行调节，以便种植出差异性的"Palm"树木对象，这里不再赘述。

(6) 下面将介绍一种方法，实现在固定大小的 Terrain 地面对象上种植固定数量的树木对象。

(7) 按 Ctrl+Z 组合键，清空步骤 5 种植的树木对象。如图 2-50 所示，在 Unity 菜单栏中执行 Terrain→Mass Place Trees 命令，弹出"Place Trees"对话框，鉴于 Terrain 地面对象默认大小是 2000*2000 个系统单位，设置"Numer Of Trees"数值为 800；最后，单击对话框中的"Place"按钮。

图 2-48

图 2-49

(8) 如图 2-51 所示,Terrain 地面对象错落地分布了 800 个 "Palm" 树木对象。

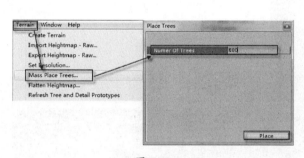

图 2-50

图 2-51

(9) 按 Ctrl+S 组合键,保存场景。

2.8 天空盒子

案例 2-14

(1) 打开 "Scene1.unity" 场景文件,继续上一节的操作。

(2) 在 Hierarchy 面板中,选择 "First Person Controller" 的子对象 "Main Camera(摄像机对象)",如图 2-52 所示,在其 Inspector 面板中,设置 "Clear Flags" 类型为默认的 "Skybox"

类型；"Background"右侧是色彩框，单击弹出"Color"对话框，在该对话框中设置背景颜色黄色。

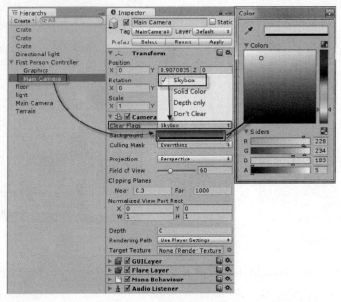

图 2-52

(3) 关闭"Color"对话框。如图 2-53 所示，在 Game 视图中，游戏场景的背景颜色变成了黄色。

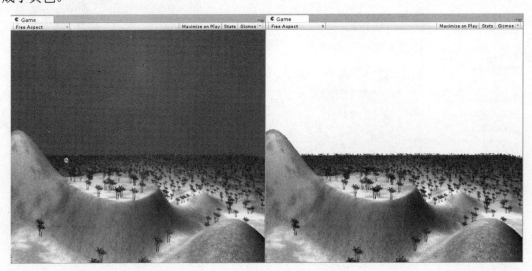

图 2-53

(4) 继续上面的操作，选择"Main Camera"摄像机对象，在 Unity 的菜单栏中执行 Component→Rendering→Skybox 命令，如图 2-54 所示，在摄像机对象的 Inspector 面板中添加"Skybox"天空盒组件属性。

(5) 单击"Skybox"卷展栏"Custom Skybox"右侧的 选择按钮，弹出"Select Material"对话框，如图 2-55 所示，在该对话框中选择"Sunny1 Skybox"天空盒对象，关闭对话框。

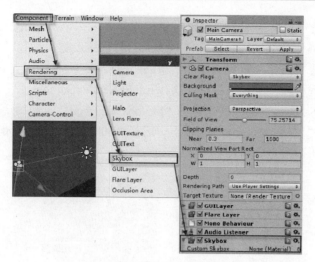

图 2-54

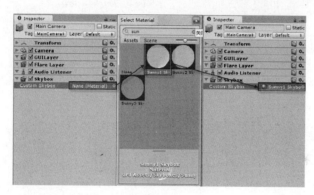

图 2-55

(6) 如图 2-56 所示，Game 视图中，游戏背景替换为一个具有蓝天白云信息的天空盒对象；运行游戏后，360 度任意旋转摄像机对象，可以发现场景中天空盒对象是无缝连接的，保证了场景的真实性。"Skybox"材质球可以替换为其他天空盒对象，呈现不同天空背景，请初学者自行尝试，这里不再赘述。

图 2-56

(7) 当需要在场景中创建多个摄像机对象,并且要求每个摄像机的天空盒显示效果一样,为避免对每个摄像机分别进行设置"Skybox"的重复步骤。执行以下操作,可以一次性对即将创建的摄像机对象指定相同贴图效果的"Skybox"。

(8) 如图2-57所示,在Unity菜单栏中执行Edit→Render Settings命令,Unity的Inspector面板弹出"Render Settings"卷展栏。单击"Skybox Material"右侧的 ⊙ 选择按钮,同上述步骤(5)在弹出的"Select Material"对话框中选择"Sunny1 Skybox"天空盒对象。当在场景中创建多个摄像机时,摄像机均自带天空盒信息。

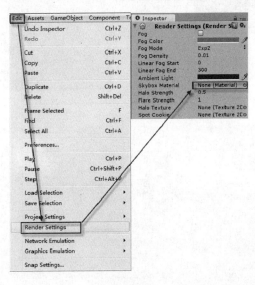

图 2-57

(9) 当需要多个摄像机分别显示不同的天空效果时,执行上述步骤(4)和步骤(5),分别对每个摄像机对象指定不同天空盒材质即可。这里不再赘述。

(10) 按 Ctrl+S 组合键,保存场景。

▷▷2.9 添加雾与影子效果

案例 2-15

(1) 打开"Scene1.unity"场景文件,继续上一节的操作。

(2) 在 Unity 菜单栏中执行 Edit→Render Settings 命令,从 Unity 的 Inspector 面板里弹出"Render Settings"卷展栏。

(3) 如图 2-58 所示,勾选"Render Settings"卷展栏中"Fog"选项,设置"Fog Color"为白色,"Fog Density"数值为 0.001,"Fog Mode"、"Linear Fog Start"与"Linear Fog End"均保持默认设置。

(4) 单击"Ambient Light"右侧的色彩框,在弹出的"Color"对话框中调节环境光颜色为浅黄色,之后关闭对话框。

(5) 如图 2-59 所示,在 Game 视图中,游戏场景中出现了雾的效果。

图 2-58

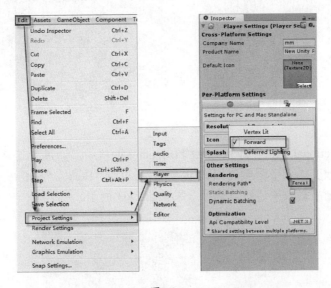

图 2-59

(6) 在 Unity 菜单栏中执行 Edit→Project Settings→Player 命令。如图 2-59 所示，Inspector 面板弹出"Player Settings"卷展栏，单击该面板中"Rendering Path"右侧的下拉按钮，在弹出的下拉菜单中选择"Forward"渲染类型。

图 2-60

(7) 继续上面的操作，在 Hierarchy 面板中选择场景中的"Directional light"灯光对象，如图 2-61 所示，单击其 Inspector 面板"Shadow Type"右侧的下拉按钮，在弹出的下拉菜单中选择"Soft Shadows"阴影类型。

注意：Unity 有两个版本，标准版不支持阴影，只有强化版(Pro)才支持实时光照，否则 Inspector 面板会出现"Realtime shadows require Unity Pro"的提示；强化版(Pro)可以在其官网购买。

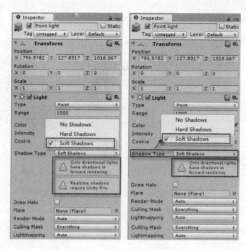

图 2-61

(8) 如图 2-62 所示,在 Game 视图中,游戏场景中树木对象出现阴影效果。

图 2-62

(9) 在"Directional light"灯光对象的 Inspector 面板中,通过对其 Rotation 中的 X、Y 轴向的调节可以改变场景中阴影的长度与朝向;通过对"Bias"、"Softness"等参数的调节,可以对阴影的清晰度等效果进行设置;效果如图 2-63 所示。

图 2-63

(10) 按 Ctrl+S 组合键,保存场景。

练 习 题

1. 依据本章全部案例,创建一个包含灯光、地面、树木等游戏对象的游戏场景,并实现简单的雾效。

2. 尝试在场景中添加石头、湖面等,或者实现在场景中下一场雨或雪,如图 2-64 所示。

图 2-64

读书笔记：

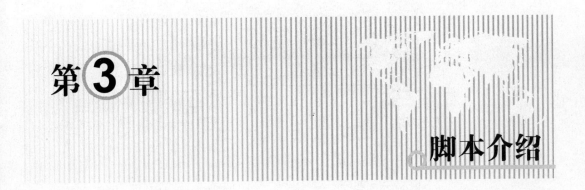

第3章 脚本介绍

Unity 中支持使用 JavaScript、C#和 Boo 三种语言来编写脚本。Unity 中的脚本(Script)由附加到游戏对象(Game Object)的自定义脚本对象组成，又被称为行为，用于实现游戏中各种交互操作。脚本对象中的各种函数被称为必然事件(Certain Event)，不同的函数在脚本对象内在特定事件被调用。

JavaScript 脚本语言是 Unity 官方推荐使用的最主要脚本语言之一，是实现交互行为的主要工具，本章将对该脚本语言中的变量、语法规则、函数、if 语句、核心类等分别进行简要介绍。

▷▷3.1 Unity 脚本介绍

3.1.1 Unity 脚本文件的创建

(1) 创建 Unity 脚本文件的方法有两种。

方法一：执行菜单栏上的 Assets→Create→JavaScript/C Sharp Script/Boo Script 操作，如图 3-1 所示。

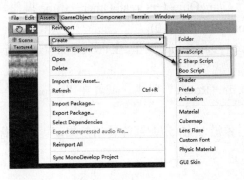

图 3-1

方法二：在项目面板(Project)内，单击鼠标右键，在弹出的右键菜单中执行 Create→JavaScript/C Sharp Script/Boo Script 操作，如图 3-2 所示。

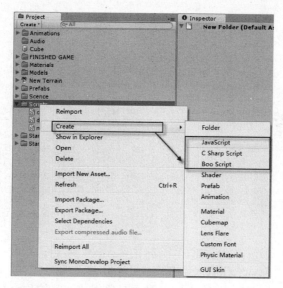

图 3-2

(2) Unity 常用的必然事件函数有如下三个。

● Update：该函数在渲染帧之前被调用，大部分的游戏行为代码都在这里执行，除了物理代码。

● FixedUpdate：该函数在每进行一次物理时间步调时被调用，它用来执行基于物理的游戏行为。

● Code outside any function：这类函数在对象加载时被调用，它们用来执行脚本状态的初始化工作。

3.1.2 常用操作

大部分 Unity 游戏对象的操作都是通过其 Transform 和 Rigidbody 实例来实现的，也可以在脚本中直接通过成员变量 Transform 和 Rigidbody 来访问这两个实例。

案例 3-1

(1) 打开 Unity，执行 GameObject→CreateOther→Cube 操作，在场景中创建一个 Cube 游戏对象，设置其 Position 坐标为(0,0,0)。

(2) 执行 Assets→Create→JavaScript 操作，在 Project 面板选择新建的"NewBehaviourScript"脚本，重命名为"Rotate"。

(3) 在 Project 面板双击"Rotate"脚本，或者在"Inspector"面板单击"Edit"按钮，就可以打开脚本工具面板。

(4) 需要实现 Cube 对象沿 Y 轴 5 度/帧旋转的效果，可以进行如下编码：

```
function Update()
{
    transform.Rotate(0, 5, 0);
}
```

或者，需要实现 Cube 对象沿 Z 轴 2 米/帧移动的效果时，可进行如下编码：

```
function Update()
{
    transform.Translate(0, 0, 2);
}
```

注意：Unity 脚本对大小写比较敏感，需要区分大小写。

(5) 保存脚本。选中 Project 面板中的"Rotate"脚本对象，将其拖拽到 Hierarchy 面板中的"Cube"游戏对象上。

(6) 单击 Unity 工具栏上的"Play"按钮，就可以在游戏视图(Game)查看到上述效果。

▷▷▷3.2　变量和语法

本节将对 JavaScript 中的变量及语法进行详细介绍，先简要了解如下几个概念。
- 常量：就是一个固定不变的值。
- 变量：首写为小写字母。变量是用来存储游戏状态中的任何信息。
- 函数：首写为大写字母。函数是一个代码块，在需要的时候可以被重复调用。

3.2.1　变量

1. 在介绍变量之前我们先简单了解 JavaScript 的常量类型。
- 整型常量：十进制(例如：12)，十六进制(0X1F)
- 长整型常量：13L
- 单精度浮点数：5.1f，.4f，2e3f，0f
- 双精度浮点数：5.1，.4，2e-3，0d
- 布尔常量：True 和 False
- 字符常量：'a'，'8'，'\r'
- 字符串常量："Hello project."

注意：单精度浮点数和双精度浮点数统称为实型数。默认的小数为双精度浮点数。注意"常量"这个名词的应用语境。

2. 变量

变量是系统为程序分配的一块内存存储单元，用来存储各种数据类型的数据，根据所存储的变量值的数据类型不同，可以划分为各种不同数据类型的变量，其要素为变量名、数据类型、变量值和作用域，可以根据变量名称来访问其对应内存存储单元中的变量值。

注意：变量的作用域指变量起作用的范围，说明变量在什么时候可以被访问；变量的生命周期是指变量在内存中存在的周期，即什么时候分配空间，什么时候销毁；变量要先定义后使用，但也不是在变量定义后的语句一直都能使用前面定义的变量。可以用大括号将多个语句包起来形成一个复合语句，变量只能在定义它的复合语句中使用。

JavaScript 变量按数据类型划分为以下内容，如图 3-3 所示。

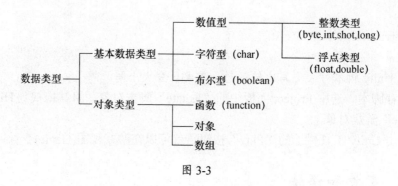

图 3-3

3．变量声明

JavaScript 程序中每个变量都属于特定的数据类型，在使用前必须对其声明，声明格式为：

　　dataType　variableName　[= variableValue];

变量声明举例：

　　var　bankAccount = 1000;

　　private　var　mySecondVar = 1;

　　static　var　someGlobal = 1000;

注意：从本质上讲，变量其实是内存中的一小块内存单元，可以通过其名字(变量名)来访问这块区域，因此，每个变量使用前必须要先声明，然后对其进行赋值，才可以使用。

在 Unity 中，在函数外面定义的变量叫做全局变量，它们可以通过 Unity 的检测面板(Inspector)进行访问，存储在全局变量中的值将自动地保存在项目面板(Project)中。

案例 3-2

(1) 打开光盘中的"\第 3 章\练习素材\Script"工程项目。场景中包含一个 Floor 地面、一个 Light 灯、一个 Player 玩家。

(2) 在 Project 面板中执行 Create→JavaScript 操作，创建一个新的脚本，重命名脚本名为"MyFirstScript"，并将脚本拖到"Scripts"文件夹中。

(3) 双击"MyFirstScript"，在脚本编辑器中输入如下代码：

　　var bankAccount = 1000;

　　bankAccount = bankAccount - 100;

　　print(bankAccount);

(4) 保存脚本。

(5) 选中 Project 面板中的"MyFirstScript"脚本对象，将其拖至 Hierarchy 面板中的"floor"游戏对象上，如图 3-4 所示。

(6) 在 Hierarchy 面板中选择"floor"对象，便可以在 Inspector 面板中查看到其被添加的脚本信息，定义的"bankAccount"变量显示在"MyFirstScript"面板中。双击面板中的"MyFirstScript"也可以对脚本进行再次的编辑。

第3章 脚本介绍

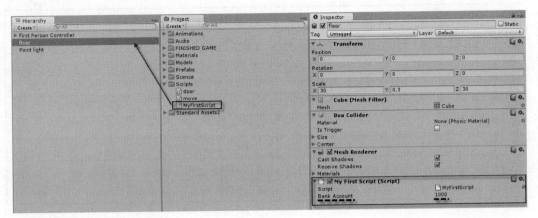

图 3-4

(7) 单击 Unity 工具栏上的 ▶ 按钮，运行游戏场景；再单击 ▶ 按钮，停止游戏。

(8) 查看 Game 面板左下方区域，可以看到输出的结果：900。双击这个区域(快捷键为 Ctrl+Shift+C)，就可以打开 Console 面板，如图 3-5 所示，可以查看游戏运行情况。

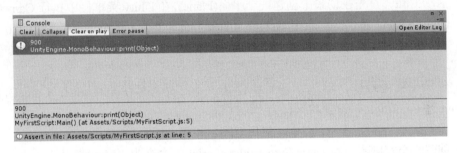

图 3-5

3.2.2 语法

本节主要介绍 JavaScript 的基本使用语法的使用。

1．前提

在熟悉 Unity 的界面后，为了使脚本代码更容易理解，最好有个支持 JavaScript 语法高亮的代码编辑器，它会将关键字用醒目的方式显示出来。例如，可以使用 SubEthaEdit 编辑器。

2．命名规范(见表 3-1)

- 驼峰式命名：userName userSex
- 类名首字母大写
- 变量、方法名首字母小写
- 常量所有字母大写
- 包名全部小写
- 工程名首字母大写

表 3-1 命名规范只限 UniSciTE 编辑器

//	单行注释，简单的解释语句含义
/*...脚本语句...*/	多行注释，用来说明更多的内容，包括算法等
"……"	字符串，紫色字体显示
黑色字体	类名，变量名等
蓝色字体	函数
深绿字体	数字
加粗字体	关键字
.	成员运算符
;	语句结束

注意：JavaScript 是区分大小写，当阅读范例时注意首写字母，将有助于更好的理解对象之间的关系。

3．在场景中实现一个简单的移动。

案例 3-3

(1) 启动 Unity，首先在场景中创建一个平面(Plane)，在 Unity 菜单栏中执行 GameObject→CreateOther→Plane 命令。然后在 Inspector 面板中设置 Plane 的 Position 为 "0,0,0"。

(2) 在场景中创建一个立方体(Cube)：GameObject→CreateOther→Cube。设置其坐标为 "0,1,0"。

(3) 继续上面的操作，继续在场景中创建一个灯光对象(PointLight)：GameObject→CreateOther→PointLight。设置其坐标为 "0,5,0"。

(4) 保存场景。下面写一个脚本，然后把脚本和相机结合起来。

(5) 创建一个空脚本：Assets→Create→JavaScript 并命名为 "Move"。

(6) 在 Inspector 面板单击 "Edit" 命令，或在 Project 面板双击打开脚本 "Move"，默认包含 Update( )函数。将代码加入这个函数，它将在每一帧执行一次。

(7) 需要用 Transform 来改变相机的位置，因此用到 Translate 这个函数,它有 x, y, z 三个参数。

```
function Update()
{
  transform.Translate(Input.GetAxis("Horizontal"),0,Input.GetAxis("Vertical"));
}
```

其中 Input.GetAxis()函数返回一个从-1～1 之间的值，如横轴上左半轴为-1～0，右半轴为 0～1。如果需要，可以通过 Edit→ProjectSettings→Input 中重定义按键映射。

(8) 连接脚本：需要编写的脚本起作用，就需要把脚本赋予物体。单击希望应用脚本的物体对象，在层级面板中选中相机对象(Main Camera)。

(9) 在菜单中选择 Component→Scripts→Move，这样便从 Inspector 面板中看到相机中添加了 Move 这个组件，也可以用鼠标把脚本拖拽到物体对象上。

(10) 单击运行，即可前后左右来控制相机移动了。

4．连接变量

Unity 允许在界面上使用拖拽(drag and drop)的方式来赋值给脚本。下面通过案例介绍"连接变量"的概念。

案例 3-4

(1) 在场景中添加一个聚光灯：GameObject→CreateOther→SpotLight，Position 为 "0,5,0"，Rotation 为 "90,0,0"。

(2) 创建一个 JavaScript 脚本，命名为 "SpotLight"。

(3) 实现让聚光灯照向主相机，我们可以使用 transform.LookAt( )这个函数。创建一个全局变量 "target"，在 SporLight 脚本中写入如下代码：

```
var target : Transform;
function Update()
{
  transform.LookAt(target);
}
```

(4) 把脚本赋予聚光灯对象：通过菜单栏 Component→Scripts→SpotLight 中添加，或者将 Project 面板上的 "SpotLight" 脚本对象鼠标拖放到 Hierarchy 面板上的 "SpotLight" 灯光物体上。这样，选择 "SpotLight" 和 "Target" 变量就出现在其 Inspector 面板里了。

(5) 将 Hierarchy 面板中的主相机对象拖放到 Target 变量上。如果我们想让聚光灯照向其他物体，我们也可以将其他物体拖放上去，只要是 Transform 类型的即可。

(6) 单击 "Play" 按钮，运行游戏场景，可以看到聚光灯一直照向主相机。

▷▷▷3.3 函数和事件

3.3.1 函数

在结构化程序设计中，函数是完成特定任务的可重复调用的代码段，是 JavaScript 组织代码的单位。通过函数，可以把一个复杂的任务分解成若干个易于解决的小任务。

函数的主要功能是将代码组织为可复用的单位，可以完成特定的任务并返回数据。

1．定义一个函数的格式

```
function 函数名(参数类型 形式参数 1,参数类型 形式参数 2,…)
{
    程序代码
    [return 返回值; ]
}
```

其中：
- 形式参数：在方法被调用时用于接收外部传入的数据的变量。
- 参数类型：就是该形式参数的数据类型。
- 返回值：方法在执行完毕后返还给调用它的程序的数据。
- 返回值类型：函数要返回的结果的数据类型。
- 实际参数：调用函数时实际传给函数形式参数的数据。

2．函数例子(图 3-6)

图 3-6

```
var bankAccount = 1000;
print (spendOneHundredBucks(bankAccount));
function spendOneHundredBucks (number)
{
 number = number -100;
 return number;
}
```

3.3.2 事件

Unity3D 中所有控制脚本的 MonoBehaviour 类中有一些虚函数用于绘制中事件的回调，也可以直接理解为事件函数。例如，每当一个新脚本被创建，默认情况下将包含 Update( )函数，该函数每帧都执行一次，比较适合做控制，是最常用的事件函数。本章节讲解几个其他常见的函数：

(1) LateUpdate( )，在每帧执行完毕调用，它是在所有 Update 结束后才被调用的，比较适合用于命令脚本的执行。官网上的摄像机跟随的例子，就是在所有 Update 操作完才跟进摄像机，不然就有可能出现摄像机已经推进了，但是视野里还没有角色的空帧出现。

(2) FixedUpdate( )，在这个函数体中的代码每隔固定的间隔执行，与 Update 不同的是 FixedUpdate 是渲染帧执行，如果渲染效率低下的时候 FixedUpdate 调用次数就会跟着下降。FixedUpdate 比较适用于物理引擎的计算，通常在游戏对象被添加了刚体组件(Rigidbody)作用的时候使用。如下：

```
function FixedUpdate()
{
    rigidbody.AddForce(Vector3.up);
}
```

(3) Awake( )，当前控制脚本实例被装载的时候调用。一般用于初始化整个实例使用。

(4) OnMouseEnter( )，当鼠标进入到 GUIElement（GUI 组件）或 Collider（碰撞体）中时调用 OnMouseEnter( )，或当鼠标放置在游戏对象上时触发事件。

(5) OnMouseDown( )，当用户在 GUIElement（GUI 组件）或 Collider（碰撞体）上单击鼠标时调用 OnMouseDown( )，或当鼠标在一个载有 GUI 元素（GUIElement）或碰撞器（Collider）的游戏对象里按下时执行该函数体内的代码。如下：

```
function OnMouseDown()
{
    Application.LoadLevel("SomeLevel");
}
```

(6) OnMouseUp( )，用户释放鼠标键的时候调用。

(7) OnMouseOver( )，当鼠标悬浮在 GUIElement（GUI 组件）或 Collider（碰撞体）上时调用 OnMouseOver( )，或当鼠标悬停在一个 GUI 元素或碰撞器的对象上时，执行该函数体内的代码。如下：

```
function OnMouseOver()
{
    renderer.material.color.r -= 0.1 * Time.deltaTime;
}
```

(8) OnMouseExit( )，当鼠标移出 GUIElement（GUI 组件）或 Collider（碰撞体）上时调用 OnMouseExit( )。

(9) OnMouseDrag( )，当用户鼠标拖拽 GUIElement（GUI 组件）或 Collider（碰撞体）时调用 OnMouseDrag( )。

注意：Unity 中相应函数的说明详见附录 3：MonoBehaviour 基类介绍

▶▶3.4 运算符

运算符是一种特殊符号，用以表示数据的运算、赋值和比较，一般由 1～3 个字符组成。

```
var bankAccount = 1000;
bankAccount ++;
bankAccount += 100;
bankAccount - = 100;
bankAccount = bankAccount * 2;
bankAccount = bankAccount / 2;
```

运算符共分以下几种：
- 算术运算符
- 赋值运算符
- 比较运算符
- 逻辑运算符
- 位运算符

3.4.1 算术运算符

JavaScript 的算术运算符分为一元运算符和二元运算符。一元运算符只有一个操作数；二元运算符有两个操作数，运算符位于两个操作数之间，见表 3-2。

表 3-2 算术运算符

运算符	运算	范例	结果
+	正号	+3	3
-	负号	b=4;-b	-4
+	加	5+5	10

(续)

运算符	运算	范例	结果
-	减	6-4	2
*	乘	3*4	12
/	除	12/7	1
%	取模	5%4	1
++	自增(前)	a=2;b=++a;	b=3
++	自增(后)	a=2;b=a++;	b=2
--	自减(前)	a=2;b=--a	b=1
--	自减(后)	a=2;b=a--;	b=2
+	字符串相加	"He"+"llo"	Hello

1．一元运算符

一元运算符有：正(+)、负(-)、自增1(++)和自减1(--)四个。

加1、减1运算符只允许用于数值类型的变量，不允许用于表达式中。加1、减1运算符既可放在变量之前(如++i)，也可放在变量之后(如i++)，两者的差别是：如果放在变量之前(如++i)，则变量值先加1或减1，然后进行其他相应的操作(主要是赋值操作)；如果放在变量之后(如i++)，则先进行其他相应的操作，然后再进行变量值加1或减1，如图3-7所示。

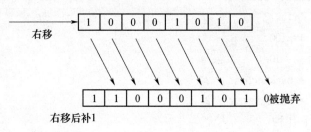

图 3-7

注意：在书写时还要注意的地方是：一元运算符与其前后的操作数之间不允许有空格，否则编译时会出错。

2．二元运算符

二元运算符有：加(+)、减(-)、乘(*)、除(/)、取模(%)。其中%是求两个操作数相除后的余数。

3.4.2 赋值运算符

JavaScript的赋值运算符如表3-3所示。

表 3-3 赋值运算符

运算符	运算	范例	结果
=	赋值	a=3;b=2;	a=3;b=2;
+=	加等于	a=3;b=2;a+=b;	a=5;b=2;
-=	减等于	a=3;b=2;a-=b;	a=1;b=2;

(续)

运算符	运算	范例	结果
*=	乘等于	a=3;b=2;a*=b;	a=6;b=2;
/=	除等于	a=3;b=2;a/=b;	a=1;b=2;
%=	模等于	a=3;b=2;a%=b;	a=1;b=2;

注意：x += 3 等效于 x = x + 3，等于*= ，-=, /=依此类推。

3.4.3 比较运算符

JavaScript 的比较运算符如表 3-4 所示。

表 3-4 比较运算符

运算符	运算	范例	结果
==	相等于	4==3	False
!=	不等于	4!=3	True
<	小于	4<3	False
>	大于	4>3	True
<=	小于等于	4<=3	False
>=	大于等于	4>=3	False

注 1：比较运算符的结果都是 Boolean 型，也就是要么是 True，要么是 False。
注 2：比较运算符 "==" 不能误写成 "="。

3.4.4 逻辑运算符

JavaScript 的逻辑运算符如表 3-5 所示。

表 3-5 逻辑运算符

运算符	运算	范例	结果
!	NOT(非)	!True	False
&&	AND(与)	False&&True	False
||	OR(或)	False||True	True

注 1：逻辑运算符用于对 Boolean 型结果的表达式进行运算，运算的结果都是 Boolean 型。
注 2："&" 和 "&&" 的区别在于，如果使用前者连接，那么无论任何情况，"&" 两边的表达式都会参与计算。如果使用后者连接，当 "&&" 的左边为 false，则将不会计算其右边的表达式。"|" 和 "||" 的区别与 "&" 和 "&&" 的区别一样。

3.4.5 位运算符

任何信息在计算机中都是以二进制的形式保存的，JavaScript 对两个操作数中的每一个二进制位都进行运算。

表 3-6 位运算符

运算符	运算	范例	结果
&	AND(位与)	5&4	4
|	OR(位或)	5|4	5
^	XOR(位异或)	5^4	1

- 只有参加运算的两位都为 1，&运算的结果才为 1，否则就为 0。
- 只有参加运算的两位都为 0，|运算的结果才为 0，否则就为 1。
- 只有参加运算的两位不同，^运算的结果才为 1，否则就为 0。

可以对数据按二进制位进行移位操作，JavaScript 的移位运算符有三种：

- <<左移
- \>>右移
- \>>> 无符号右移

3.4.6 运算符的优先级

JavaScript 中运算符优先级中表 3-7 所示。

表 3-7 运算符的优先级

运算符	说明
. [] ()	字段访问、数组下标、函数调用以及表达式分组
++ — - ~ !	一元运算符
* / %	乘法、除法、取模
+ - +	加法、减法、字符串连接
<< >> >>>	移位
< <= > >=	小于、小于等于、大于、大于等于
== !=	等于、不等于
&	按位与
^	按位异或
|	按位或
&&	逻辑与
||	逻辑或
?:	条件
=	赋值
,	多重求值

一般来说，算术运算符优先级高于比较运算符，高于逻辑运算符，高于赋值运算符。也可以使用括号改变运算赋的优先级，分析 int a =2;int b = a + 3*a;语句的执行过程与 int a =2;int b =(a + 3)*a;语句的执行过程的区别。

注意：JavaScript 中的运算符说明详见附录 2：Unity 3D 运算符一览表。

3.5 if 语句

1. 表达式是运算符和数值/变量的结合

它是任何一门编程语言的关键组成部分；运算符允许程序员进行数学计算、值的比较、逻辑操作，以及在 Java 中进行对象的操作。

2. 程序的流程控制

JavaScript 算法主要包括三种基本的形式：顺序结构、选择结构和循环结构。

(1) 顺序结构：就是程序从上到下一行一行执行的结构，中间没有判断和跳转，直到程序结束。

(2) 选择结构：程序在执行过程中根据不同选择执行不同的步骤。

(3) 循环结构：程序在执行过程中可以多次循环执行某一段程序指令。

3. If 语句的选择结构

if 语句通常与 else 搭配使用，是控制程序流程最基本形式，其中 else 是可选的，因此可按下述几种形式来使用 if 语句：

- if（表达式）语句；
- if（表达式）语句 1; else 语句 2;
- if（表达式 1）语句 1;

　　else if（表达式 2）语句 2;

　　else if（表达式 2）语句 3;

　　　　…

　　else 语句 n;

if 语句还可以嵌套使用：

　　if（表达式 1）

　　　　if（表达式 2）语句 1;

　　　　else 语句 2;

　else　if（表达式 2）语句 3;

　　　else 语句 4;

注意：嵌套时最好使用 { } 确定层次界限。

条件必须产生一个布尔结果。上述"语句"要么是用分号结尾的一个简单语句，要么是一个复合语句，即封闭在括号内的一组简单语句。

案例 3-5

(1) 打开光盘中的"\第 3 章\练习素材\Script"工程项目。场景中包含一个 Floor 地面、一个 Light 灯、一个 Player 玩家。

(2) 执行 Assets→Create→JavaScript 操作，新建脚本"Respawn"。

(3) 在脚本编辑器中输入如下语句：

```
function Update()
{
    if(transform.position.y < -200)
    {
```

```
            transform.position.x = 2;
            transform.position.y = 0;
            transform.position.z = 0;
        }
    }
```

(4) 保存脚本。

(5) 在 Project 面板将"Respawn"脚本文件拖拽到 Hierarchy 面板中的"Player"游戏对象上。

(6) 保存场景。单击 ▶ 按钮，运行游戏，当玩家"Player"游戏对象(即摄像机)走出"floor"地面范围向下坠落 200 单位值时，玩家"Player"自动恢复到"floor"地面上，即位置三维坐标为(2,0,0)。

(7) 再次单击 ▶ 按钮，结束游戏。

▶▶3.6 switch 语句和循环语句

3.6.1 switch 语句

Unity 提供了 switch 语句直接处理多分支选择，如图 3-8 所示。

```
var myVar = "hello";
switch (myVar)
{
    case "hello";
    break;
    case "howdy";
    break;
}
```

图 3-8

1. switch 语句的一般形式

```
switch（整型或字符型变量）
{
    case 变量可能值1：
        分支一；
        break；
    case 变量可能值2：
        分支二；
        break；
    case 变量可能值3：
        分支三；
```

```
            break;
            ...
        default：
            最后分支；
}
```

2. 执行过程

(1) 当 switch 后面"表达式"的值，与某个 case 后面的"常量表达式"的值相同时，就执行该 case 后面的语句(组)；当执行到 break 语句时，跳出 switch 语句，转向执行 switch 语句的下一条。

(2) 如果没有任何一个 case 后面的"常量表达式"的值，与"表达式"的值匹配，则执行 default 后面的语句(组)。然后，再执行 switch 语句的下一条。

在 switch 的语法里，有四个关键字 switch、case 、break、default，分别是开关、情况、中断、默认(值)。如图 3-9 所示，即根据开关值的不同，执行不同的情况，直到遇上中断；如果所有的情况都不符合开关值，那么就执行默认的分支。

3.6.2 循环语句

1. while 循环语句

   while（表达式）语句
   ```
   var  x=1;
   while(x<3)
   {
       print("x="+x);
       x++;
   }
   ```

注意：while 表达式的括号后面一定不要加";"。

2. do-while 循环语句

   do 语句; while（表达式）
   ```
    var y=3;
    do
    {
        print ("ok2");
        y--;
    }
    while(y>0);
   ```

3. for 循环语句

   for(表达式1;表达式2;表达式3)
   ```
   for (var x : int = 0; x < 2; x++)
   {
   ```

```
    print(x);
}
```

3.7 Unity 核心类

在 Unity 编辑器中执行 Help→Scripting Reference→Important Classes 命令，如图 3-9 所示，帮助文档中介绍了 Unity 脚本中五个重要的类。

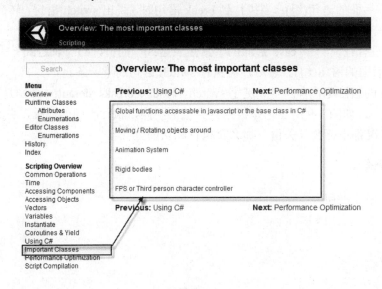

图 3-9

(1) Global fuctions accessable in JavaScript or the base class in C#
(2) Moving/Roating objects around
(3) Animation System
(4) Rigid Bodies
(5) FPS or Third person character controller

同一类中的失误总是具有一些共性，类是以共同的特征和行为定义实体，类是具有相同属性和行为的一组对象的集合。事件的行为和动作在类中用函数表示；事物的特性在类中用变量表示。

单击每个关键类，可以查看到对应的函数适用情况和语法要求，本书就不再详细叙述，请自行查看学习。

3.8 变量作用域

3.8.1 局部变量

定义在函数内的变量为局部变量。在 Unity 中，局域变量的作用域仅限于变量所在的函数体，不能在其他函数体中使用，一旦从函数中返回，该局部变量就消失了。需要注意的是局部变量不可以通过 Unity 的 Inspector 面板进行访问和修改。

案例 3-6

(1) 打开光盘中的"\第 3 章\练习素材\Script"工程项目。场景中包含一个 Floor 地面、一个 Light 灯、一个 Player 玩家。

(2) 在 Project 面板中执行 Create→JavaScript 操作，创建一个新的脚本，重命名脚本名为"Respawn"，并拖动脚本到"Script"文件夹中。

(3) 双击"Respawn"，在脚本编辑器中输入如下代码：

```
function Update()
{
    var myFunctionVar = 1;   //局部变量
    //check if you character fell off the platform
    if( transform.position.y < -200)
    {
        transform.position.x = 20;
        transform.position.y =0;
        transform.position.z =0;
    }
}
```

(4) 保存脚本。

(5) 选择 Project 面板中的"Respawn"脚本对象，将其拖拽到 Hierarchy 面板中的"Player"游戏对象上。

(6) 选择游戏场景中的"Player"对象，如图 3-10 所示，便可以在 Inspector 面板中查看到其被添加的脚本信息，定义在函数内部的"myFunctionVar"没有显示在面板中。

图 3-10

3.8.2 成员变量

成员变量和在函数中所声明的局部变量是不同的。成员变量的作用域是整个程序范围内有效，整个程序中的所有函数均可访问成员变量。成员变量包括类变量和实例变量。被声明为 static 属性的成员变量被称为类变量，而没有被声明为 static 属性的成员变量被称为实例变量。实例变量前面的修饰符叫做访问权限，其中包括 private(私有变量)和 public(公共变量)等。

类变量不可以通过 Unity 的 Inspector 面板进行访问。存储在实例变量中的值(除了 private 私有变量以外)将自动地保存在项目面板中。案例介绍如下。

案例 3-7

(1) 继续上一节局部变量的操作，在 Project 面板中双击"Respawn"脚本文件，并在脚本编辑器中修改如下代码：

```
    public var myVar=2;              //公共变量(可以省略不写 public)
    private var mySecondVar=1;       //私有变量
    function Update()
    {
        var myFunctionVar = 1;       //局部变量
        //check if you character fell off the platform

        if( transform.position.y < -200)
        {
            transform.position.x = 20;
            transform.position.y =0;
            transform.position.z =0;
        }
    }
```

（2）按 Ctrl+S 组合键保存脚本。选择游戏场景中的"Player"对象，如图 3-11 所示，便可以在 Inspector 面板中查看到其被修改过的脚本信息，定义在函数外部的公共成员变量"myVar"显示在"Respawn"卷展栏中，而前面添加修饰符"private"的私有成员变量"mySecondVar"没有显示在面板中。

（3）如图 3-12 所示，可以直接在"Respawn"卷展栏中修改"myVar"的值。需要注意的是，在 Inspector 检测面板中实时修改公共成员变量的值，其在脚本编辑面板不会实时进行更改显示，但运行时会实时按新数值进行运行。

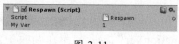

图 3-11

图 3-12

案例 3-8

（1）打开光盘中的"\第 3 章\练习素材\Script"工程项目。场景中包含一个 Floor 地面、一个 Light 灯、一个 Player 玩家。

（2）执行 Assets → Create → JavaScript 命令，创建一个新的脚本，重命名为"TheScriptName"，并拖拽到"Script"文件夹中。

（3）在 Project 面板中双击"TheScriptName"，在脚本编辑器中输入如下代码：

static var someGlobal = 1000;

即在"TheScriptName"中定义了一个"someGlobal"类变量。

（4）按 Ctrl+S 组合键保存脚本。再次执行 Assets→Create→JavaScript 命令，创建一个新的脚本，并重命名为"MyFirstScript"，并拖拽到"Script"文件夹中。双击创建的"MyFirstScript"脚本，打开脚本编辑器，如图 3-13 所示，并输入如下脚本语句：

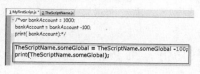

图 3-13

TheScriptName.someGlobal = TheScriptName.someGlobal -100;
print(TheScriptName.someGlobal);

(5) 语句中"TheScriptName.someGlobal",即表示"MyFirstScript"脚本通过"TheScriptName."调用了脚本"TheScriptName"中定义的"someGlobal"类变量。按 Ctrl+S 组合键保存脚本。

(6) 在 Project 面板选择"MyFirstScript"脚本文件,并将其拖拽到 Hierarchy 面板中的"floor"游戏对象上。

(7) 在 Hierarchy 面板中选择游戏场景中的"floor"对象,查看其 Inspector 面板中的"MyFirstScript"脚本信息,如图 3-14 所示,"someGlobal"类变量没有显示在 Inspector 面板中。

图 3-14

(8) 按 Ctrl+S 组合键,保存场景。单击 ▶ 按钮,运行游戏,"floor"对象从原有位置向下运行 100 个单位值,在 Unity 编辑器左下方输出区域,可以看到输出结果: 900 。

(9) 再次单击 ▶ 按钮,结束游戏。

练 习 题

1. 编写一个程序,求 100 以内的全部素数。
2. 编写一个程序,用 do-while 循环计算 $1 + 1/2! + 1/3! + \cdots$ 的前 10 项之和。
3. 编写一个程序,学习成绩 90 分以上的同学用 A 表示,60～89 分之间的同学用 B 表示,60 分以下的同学用 C 表示。
4. 编写一个程序,使 Sphere 像单摆一样来回摇。

读书笔记：

第4章 Unity 中模型的导入与材质的基本概念

本章主要介绍如何使用 3ds Max(或者其他三维软件)制作 3D 模型及 UV 贴图制作,并介绍了 Unity 游戏引擎中对模型材质贴图的要求,Unity 中的着色器的使用方法,如何利用 Unity 进行模型导入,Unity 中局部和全局视图的使用方法。最后通过简单案例,实现在 Unity 中投掷物体的操作,对本章前几小节讲述的内容进行综合应用。

▷▷4.1 利用 3ds Max 三维软件制作 3D 模型及 UV 贴图制作

Unity 支持的三维游戏模型制作软件有很多,如 3ds Max、Maya、Cheetah 3D 等。本文主要介绍在 3ds Max 软件环境中,模型制作的主要制作方法和规范等。项目团队在游戏的模型阶段,应该注意场景尺寸、单位,模型归类塌陷、命名、坐标、贴图格式、材质球等必须符合制作规范。

制作流程作简单介绍:素材采集→模型制作→贴图制作→场景塌陷、命名、展 UV 坐标→灯光渲染测试→场景烘焙→场景调整导出。

4.1.1 利用 3ds Max 制作 3D 模型

3D Studio Max,常简称为 3ds Max 或 MAX,是 Autodesk 公司开发的基于 PC 系统的三维动画渲染和制作软件。其前身是基于 DOS 操作系统的 3D Studio 系列软件,最新版本是 2013。国内在建筑效果图和建筑动画制作中,3ds Max 的使用率占据了绝对的优势。

在 3ds Max 软件环境中制作模型的方法有很多,本章以制作 82 式手榴弹为例,简单介绍 3ds Max 中的多边形建模和编辑修改器等工具。

注意:国内外有很多 3ds Max 相关文献、视频学习资料,其他建模方法请初学者自行查找学习。

案例 4-1

(1) 素材采集。在制作模型前,应该先通过书籍、网络等途径查找关于手榴弹的通常种类、尺寸、材质等方面的介绍。

因为 Unity 等游戏制作软件要求游戏模型的面数尽量精简,所以对手榴弹的外观结构有个宏观认识即可,如图 4-1 所示,为模型的制作提供合适的参考。

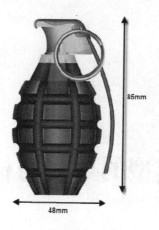

图 4-1

(2) 启动 3ds Max 三维模型制作软件，在菜单栏中执行 Customize>Units Setup...操作。如图 4-2 所示，在弹出的 Units Setup 对话框中设置 Display Unit Scale 为 Metric，并设置其单位为 MilliMeters；单击 Units Setup 对话框中的 System Unit Setup 按钮，在弹出的 System Unit Setup 对话框中，设置系统单位为 MilliMeters。

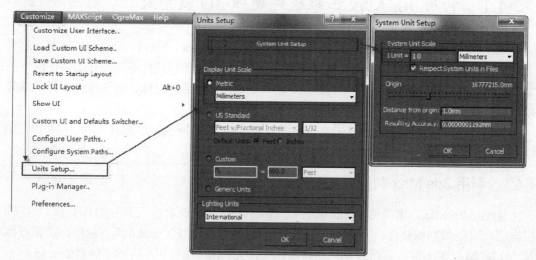

图 4-2

(3) 如图 4-3 所示，单击 3ds Max 创建面板下 Geometry 按钮，在 Geometry 几何体创建面板中单击"Sphere"按钮，在透视图中拖拽鼠标，即在场景中创建一个 Sphere 对象，重命名为"grenade"。

(4) 继续上面的操作，选择场景中的 grenade 球体对象，在修改器面板中设置其 Radius 半径为 48mm，Segments 分段为 16。

(5) 如图 4-4 所示，选择场景中球体对象，单击鼠标右键，在弹出的菜单中执行 Convert To→Convert To Editable Poly 命令，将 grenade 球体对象转化为可编辑多边形。

第 4 章 Unity 中模型的导入与材质的基本概念

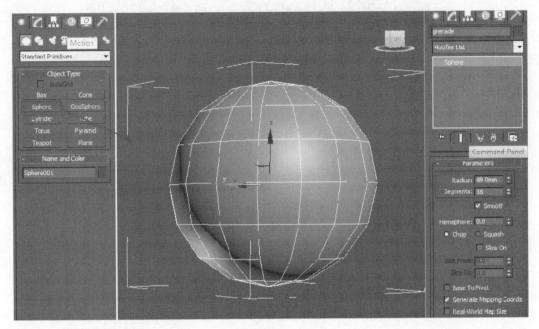

图 4-3

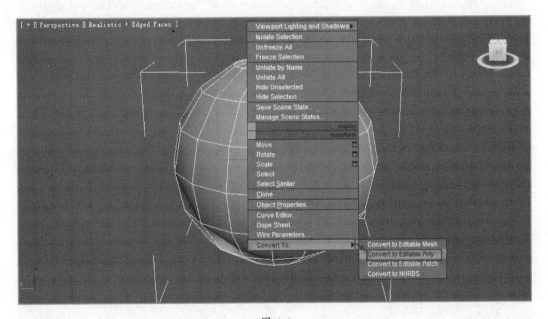

图 4-4

(6) 按下快捷键 F, 切换 Max 到 Front 前视图, 选择场景中 grenade 球体对象, 单击其在 "Selection" 卷展栏中的 ■ 按钮, 进入该对象的 "Polygon" 层级, 如图 4-5 所示, 选择 grenade 球体的上部和下部的面, 按 Delete 键进行删除。

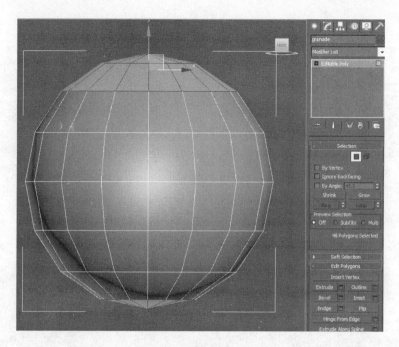

图 4-5

(7) 继续上面的操作,选择 grenade 球体对象,单击"Selection"卷展栏中的 ■ 按钮,进入该对象的"Border"层级;按 Ctrl+A 组合键,全选球体对象,如图 4-6 所示,物体中缺失的两个边界被红色显示出来,单击 Edit Borders 卷展栏下的"Cap"按钮,在物体上添加缺失的面。

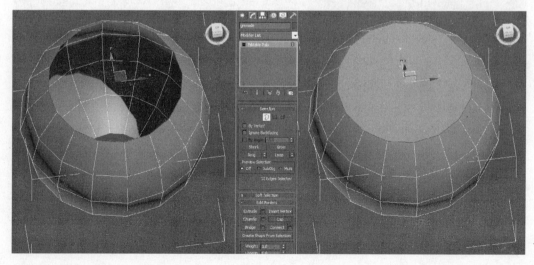

图 4-6

(8) 继续上面的操作,按下快捷键 6,取消对球体对象层级的选择。单击 Max 工具栏上的 ■ "Select and Uniform Scale"缩放按钮,沿 Z 轴方向向上拉升 grenade 球体对象,如图 4-7 所示。

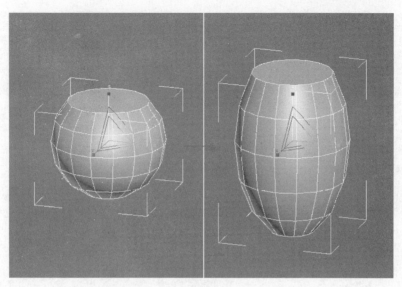

图 4-7

(9) 单击 Max 工具栏上的 "Select and Move" 移动按钮，按下快捷键 4，进入 grenade 球体对象的 "Polygon" 层级，选择该对象最顶部的面，单击 "Edit Polygons" 卷展栏下的 "Inset" 右边的按钮，如图 4-8 所示，设置 Inset 数值为 8mm，单击 按钮，完成 Inset 操作。

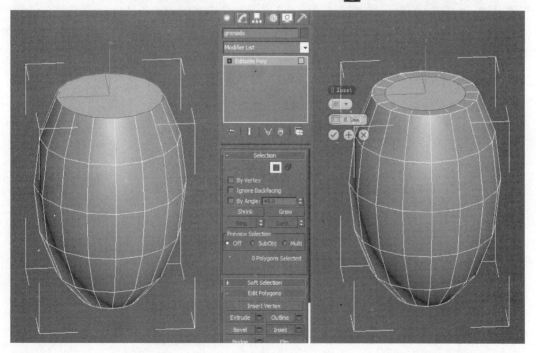

图 4-8

(10) 继续上面的操作，选择顶部的面，单击 "Edit Polygons" 卷展栏下的 "Bevel" 右边的按钮，如图 4-9 所示，设置 Hight 数值为 14，Outline 数值为-7，单击 按钮，完成 Bevel 操作。

Unity 游戏开发技术

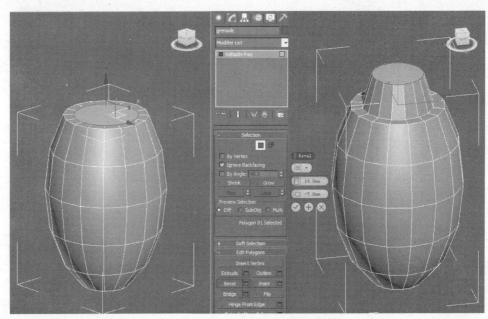

图 4-9

(11) 按下快捷键 1，进入 grenade 球体对象的"Vertex"■层级，并按下快捷键 T，切换到顶视图，如图 4-10 所示，勾选"Selection"卷展栏中的"Ignore Backfacing"选项，选择球体对象顶部左侧的两个点，并单击"Edit Vertices"卷展栏下的"Connect"按钮，连接选择的两个点；同样操作，选择右侧对称的两个点，并单击"Connect"按钮，连接选择的点。

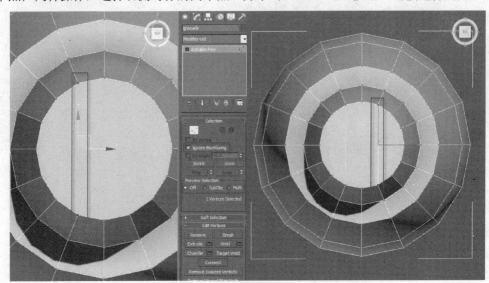

图 4-10

(12) 按下快捷键 4，进入 grenade 对象的"Polygon"■层级，选择该对象最顶部中间的面，单击"Edit Polygons"卷展栏下的"Bevel"右边的按钮，如图 4-11 所示，设置 Hight 数值为 14，Outline 数值为 1，单击☑按钮，完成 Bevel 操作。

第 4 章　Unity 中模型的导入与材质的基本概念

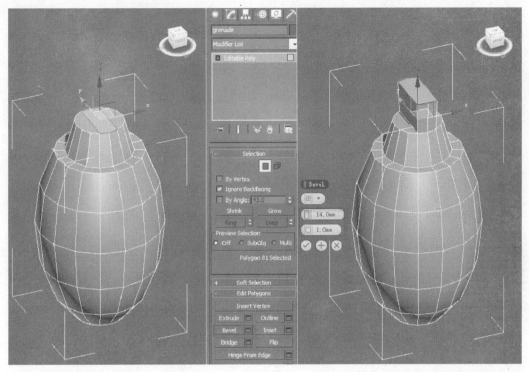

图 4-11

(13) 继续上面的操作，选择场景中 grenade 对象顶部左侧的两个面，单击"Edit Polygons"卷展栏下的"Extrude"右边的按钮，如图 4-12 所示，设置 Hight 数值为 10，单击☑按钮，完成 Extrude 操作。

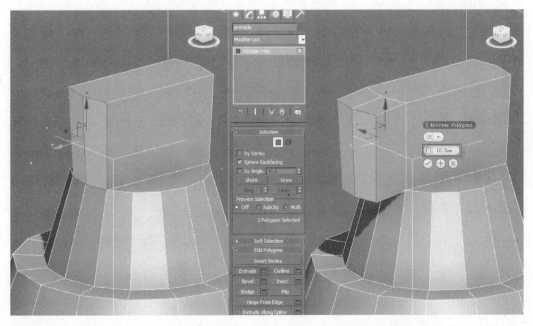

图 4-12

(14) 按下快捷键 2，进入 grenade 对象的"Edge" 层级，如图 4-13 所示，选择该对象左侧凸出部位中间的三条边，按组合键 Ctrl+Backspace，删除选中的边及边上多余的点。

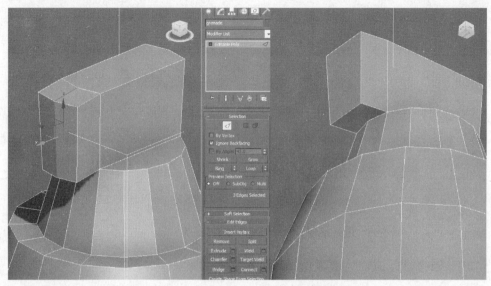

图 4-13

(15) 按下快捷键 1，进入 grenade 对象的"Vertex" 层级，并按快捷键 L，切换到左视图，如图 4-14 所示，选择该物体左侧顶部的两个点，使用工具面板中的 移动工具(快捷键 W)，向左下方移动选择的点。

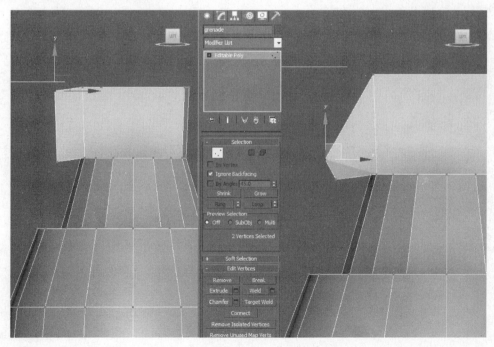

图 4-14

(16) 继续上面的操作，如图 4-15 所示，选择 grenade 对象左侧的四个点，单击"Edit Vertices"卷展栏下的"Connect"按钮，连接选择的四个点。

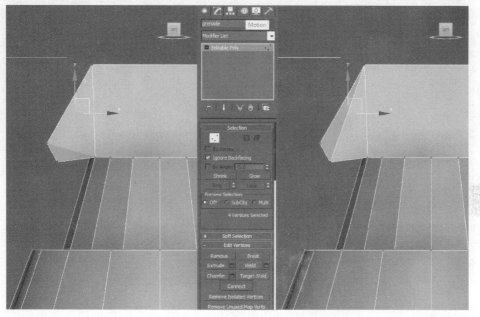

图 4-15

(17) 按下快捷键 4，进入 grenade 对象的"Polygon" ■层级，如图 4-16 所示，选择该对象凸出部位下方的面，单击"Edit Polygons"卷展栏下的"Extrude"右边的按钮，设置 Hight 数值为 10，单击☑按钮，完成 Extrude 操作。

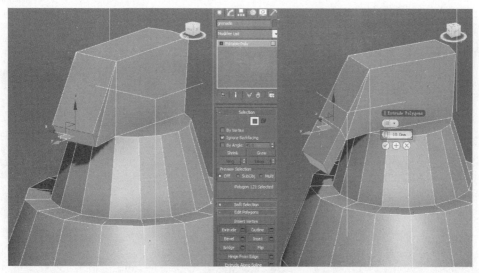

图 4-16

(18) 继续上面的操作，按下快捷键 1，进入 grenade 对象的"Vertex" ■层级，并按快捷键 L，切换到左视图，如图 4-17 所示，选择该对象凸出部位的点，使用 Max 工具面板中的✥移动工具(快捷键 W)，移动选择的点距离 grenade 对象主体部分成一定的距离和角度。

Unity 游戏开发技术

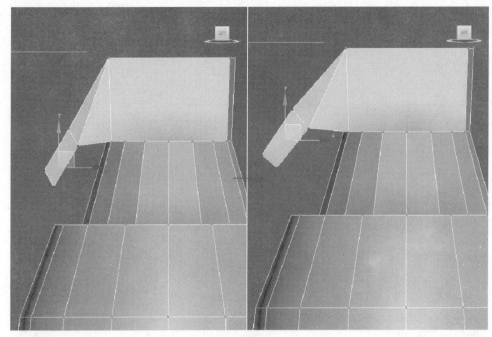

图 4-17

(19) 同上述步骤 17 和步骤 18，按下快捷键 4，进入 grenade 对象的"Polygon" ▢ 层级，如图 4-18 所示，选择该对象凸出部位下方的面，单击"Extrude"按钮，执行两次 Extrude 操作；按下快捷键 1，进入"Vertex" ▢ 层级，在左视图移动选择的点，使其距离 grenade 对象主体合适的距离，这样手榴弹的柄就制作完成了。

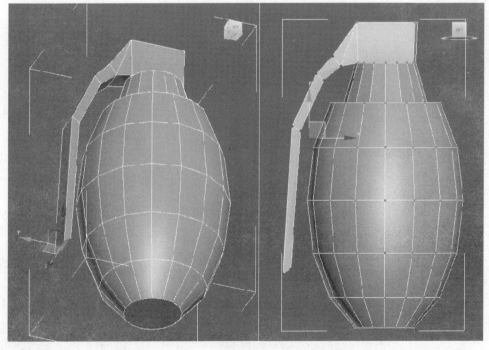

图 4-18

第4章 Unity 中模型的导入与材质的基本概念

(20) 继续上面的操作，按下快捷键 L，切换到 Max 的左视图，如图 4-19 所示，单击"Create"创建面板下 Geometry 按钮，在 Geometry 几何体创建面板中单击"Torus"按钮，拖拽鼠标的方式在场景(左视图)中创建一个"Torus001"圆环对象，设置其 Radius 1 数值为 20.0mm、Radius 2 数值为 1.2mm、Segments 数值为 10、Sides 数值为 6，其他保存默认数值。

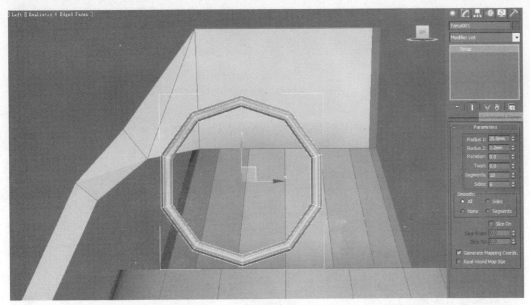

图 4-19

(21) 再次单击"Torus"按钮，如图 4-20 所示，继续在场景(前视图)中创建一个"Torus002"圆环对象，设置其 Radius 1 数值为 2.5mm、Radius 2 数值为 0.8mm、Segments 数值为 10、Sides 数值为 6，其他保存默认数值。

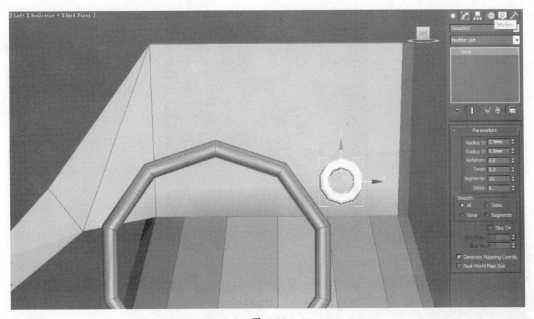

图 4-20

(22) 继续上面的操作,在 Geometry 面板中单击"Cylinder"按钮,如图 4-21 所示,拖拽鼠标的方式在场景(左视图)中创建一个"Cylinder001"圆柱体对象,设置其 Radius 数值为 1.2mm、Height 数值为 25.0mm、Heigh Segments 数值为 1、Sides 数值为 6,其他保存默认数值。

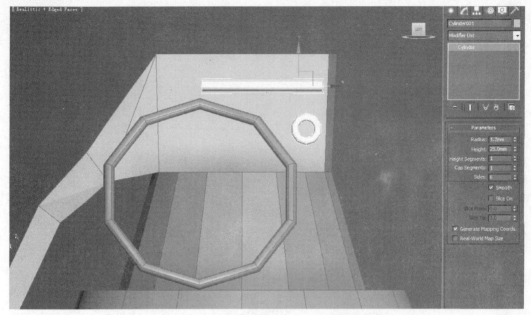

图 4-21

(23) 使用 Max 工具栏中的 移动和 选择工具(快捷键 W),如图 4-22 所示,移动场景中的圆环和圆柱体对象,将三个物体放置于 grenade 主体的顶部位置,并组合成一个手榴弹拉环形状。

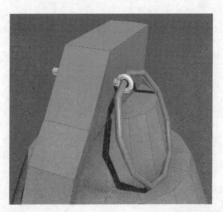

图 4-22

(24) 选择场景中的 grenade 对象,单击其在"Edit Geometry"面板中的"Attach"按钮,再选择场景中的 Cylinder001、Torus001 和 Torus002 三个物体对象,即将场景中所有物体附加为一个 grenade 手榴弹模型对象,按快捷键 M,给 grenade 模型添加默认材质,如图 4-23 所示。

第 4 章　Unity 中模型的导入与材质的基本概念

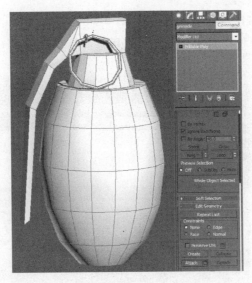

图 4-23

(25) 按 Ctrl+S 组合键，保存场景，命名为 grenade.max 场景文件。

4.1.2　利用 3ds Max 制作 UV 贴图

案例 4-2

(1) 打开光盘中的 grenade.max 模型文件，继续上述案例 4-1 的操作。选择场景中的 grenade 模型对象，按快捷键 M，在弹出的"Material Editor"材质编辑器面板中选择一个材质球，如图 4-24 所示，单击其在"Blinn Basic Parameters"卷展栏中"Diffuse"右侧的贴图选择按钮，在弹出的"Material/Map Browser"对话框中选择"Bitmap"选项，单击"OK"按钮，确定贴图类型。

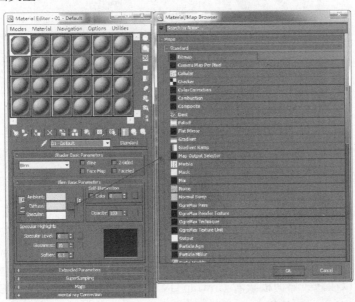

图 4-24

(2) 继续上面的操作，在弹出的"Select Bitmap Image File"对话框中选择光盘中"\第 4 章\4.1\案例 4-2\练习素材"文件夹下的 grenade.bmp 贴图文件。如图 4-25 所示，单击"打开"按钮，确定对贴图文件的选择。

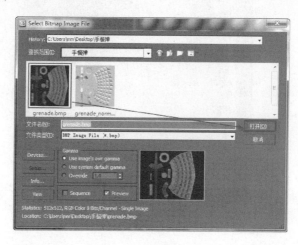

图 4-25

(3) 如图 4-26 所示，单击"Material Editor"材质编辑器中的 "Assign Material to Selection"按钮，将材质指定给场景中的 grenade 模型对象，单击 "Show Shaded Material in Viewpoint"按钮，便可以在 Max 透视图中查看模型贴图添加情况。

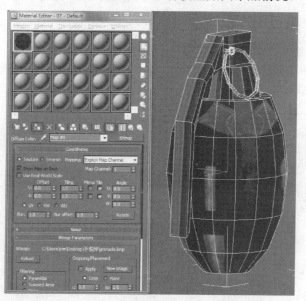

图 4-26

(4) 继续上面的操作，选择 grenade 模型对象，单击 "Modify"按钮，单击"Modifier List"右侧的 下落按钮，如图 4-27 所示，选择修改器堆栈列表中的"Unwrap UVW"贴图修改器，便可以在修改器面板查看 Unwrap UVW 相关设置，单击其在"Edit UVs"卷展栏中的"Open UV Editor"按钮。

第 4 章　Unity 中模型的导入与材质的基本概念

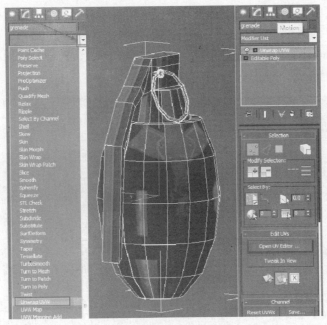

图 4-27

(5) 如图 4-28 所示，在弹出的"Edit UVWs"对话框中，选择贴图显示模式为"Map#4(grenade.bmp)"模式，即步骤(3)中的贴图展开与模型网格布线情况显示在该面板中；单击该面板中的 ■ "Polygon"按钮，以面的模式修改场景中模型的贴图信息。

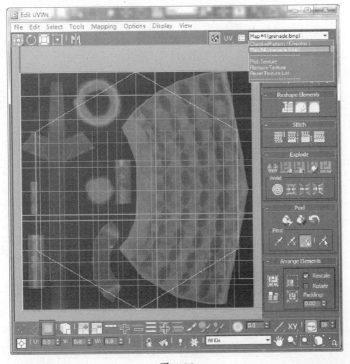

图 4-28

(6) 继续上面的操作,在 Max 透视图中,选择 grenade 模型对象的弹柄部位的面,并在"Edit UVWs"的菜单栏中执行 Tools→Break 命令,如图 4-29 所示,移动将展开的网格对象,使其与 grenade.bmp 贴图文件的弹柄部位贴图一致,同样操作用以调整模型其他部位在贴图中的正确位置。

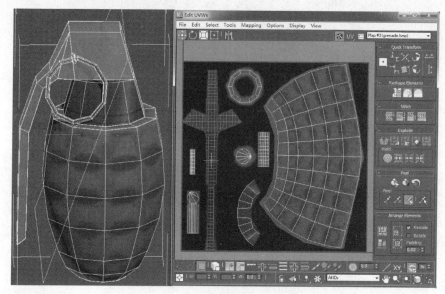

图 4-29

(7) 调整完模型贴图位置后,关闭"Edit UVWs"对话框,如图 4-30 所示,选择场景中的 grenade 模型对象,单击鼠标右键,在弹出的四元菜单中执行 Convert To→Convert To Editable Poly 命令,将 grenade 模型转化为可编辑的多边形。

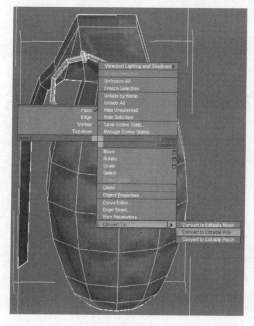

图 4-30

(8) 按 Ctrl+S 组合键，保存场景，并按快捷键 F9，如图 4-31 所示，快速查看手榴弹渲染效果。

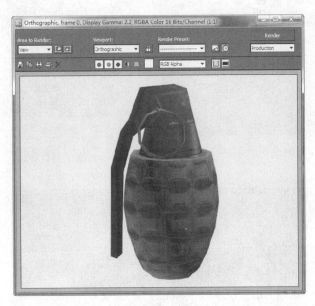

图 4-31

4.1.3　normal 法线凹凸贴图的制作

　　法线凹凸贴图是向低多边形对象添加高分辨率细节的一种方法。因为能较为精确地还原并表现模型表面细节，在相应实时引擎支持条件下能产生更加真实的细节立体感，大多应用于需要实时显示的三维场景，如三维游戏引擎、虚拟现实应用等，当然它也可以在常规的渲染场景和动画中使用。

　　法线凹凸贴图需要包含 RGB（红绿蓝）三种像素信息。红色通道编码法线方向的左右轴，绿色通道编码法线方向的上下轴，蓝色通道编码垂直深度。三种完整的像素信息决定了引擎对于这个像素在最终模型表面所模拟的空间相对位置。

　　生成法线凹凸贴图的方法比较多，可以利用 Photoshop 插件 NVIDIA NOMAL MAP FILTER 滤镜，也可以利用 CRAZYBUMP 软件生成法线凹凸贴图，这两种方法都是图片直接转换的法线贴图；另外，还可以采用 ZBrush 来生成法线凹凸贴图。由于篇幅有限，有兴趣的读者可以自行试做。

　　下面以 CRAZYBUMP 软件为例，如图 4-32 所示，从 http://www.crazybump.com/ 网站下载 CRAZYBUMP 软件并安装。

　　(1) 运行 CRAZYBUMP 软件。

　　(2) 单击左下角的 Open 图标，跳转到选择打开图片的类型，如图 4-33 所示。

　　(3) 单击"Open photograph from file"字样，弹出打开图片的对话框，选择要生成法线凹凸贴图的图片，如图 4-34 所示。打开光盘"\第 4 章\4.1\案例 4-2\练习素材"文件夹下的 grenade.bmp 贴图文件。

图 4-32　　　　　　　　　　　　　图 4-33

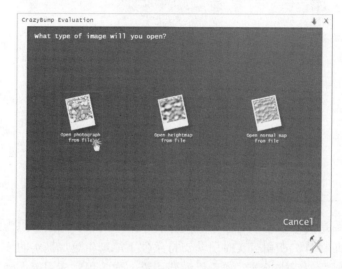

图 4-34

(4) 经过图片处理，出现两种凹凸效果，如图 4-35 左图和右图供选择。

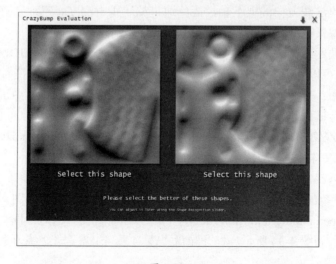

图 4-35

(5) 单击"Select this shape"按钮,进入法线凹凸贴图调整区,如图 4-36 所示,面板左侧的提供各种参数可供调节。单击面板中 Show 3D Preview…即可以 3D 材质球的方式预览贴图材质,如图 4-37 所示(注:图片参数仅供参考,以自己调节参数为准)。

● 左边的各种参数(从上到下)分别是 Intensity:强烈程度;Sharpen:锐化程度;Noise Removal:噪点去除;Shape Recognition:形状识别;Fine Detail、Medium Detail、Large Detail、Very Large Detail:细节增加。

● 右下的各种参数(从左到右)分别是 Normals:法线;Displacement:置换;Occlusion:吸收;Specularity:光泽;Diffuse:扩散。

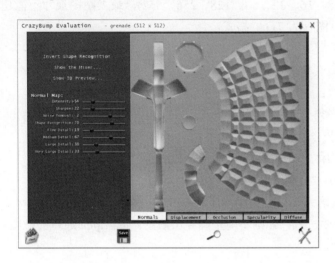
图 4-36

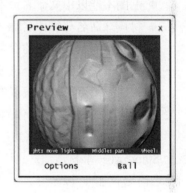
图 4-37

(6)单击 Save 按钮,在弹出选项中选择"Sava Normals to File…",保存生成的法线凹凸图片,并命名为"grenade_normal.bmp"。

4.2 材质贴图规范

1. 材质和贴图类型

当使用 Unity 软件作为虚拟仿真开发平台时,应注意该软件对模型材质的一些特殊的要求,使用的 3ds Max 中不是所有材质都被 Unity3D 软件所支持,只有下面几种材质是被 Unity3D 软件所支持的。

● Standard(标准材质)   默认的通用材质球。基本上目前所有的仿真系统都支持这种材质类型。

● Multi/Sub-Object(多维/子物体材质)   将多个材质组合为一种复合式材质,分别指定给一个物体的不同次物体选择级别。值得注意的是,在 VR 场景制作中,多维/子物体材质中的子材质一定要是标准材质,否则不被 Unity 支持。在制作完模型进行烘焙贴图前,都必须将所有物体塌陷在一起,塌陷后的新物体就会自动产生一个新的多维/子物体材质。

2．贴图通道及贴图类型

Unity 目前只支持 Bitmap 贴图类型，其他所有贴图类型均不支持。只支持 Diffuse Color(漫反射)同 self-illumination(自发光，用来导出 lightmap)贴图通道。

Self-illumination(不透明)贴图通道在烘焙 lightmap 后，需要将此贴图通道额 channel 设置为烘焙后的新 channel，同时将生成 lightmap 指向 self-illumination。

3．贴图的文件格式和尺寸

建筑的原始贴图不带通道的为 JPG，带通道的为 32 位 TGA，但最大别超过 2048；贴图文件尺寸必须是 2 的 N 次方(如 8、16、32、64、128、256、512)，最大贴图尺寸不能超过(1024×1024)。在烘焙时将纹理贴图存为 TGA 格式。

4．贴图和材质应用规则

- 贴图不能以中文命名，不能有重名；
- 材质球命名与物体名称一致；
- 材质球的父子层级的命名必须一致；
- 同种贴图必须使一个材质球；
- 除需要用双面材质表现的物体之外，其他物体不能使用双面材质；
- 材质球的 ID 号和物体的 ID 号必须一致。

若使用 CompleteMap 烘焙，烘焙完毕后会自动产生一个 Shell 材质，必须将 Shell 材质变为 Standard 标准材质，并且通道要一致，否则不能正确导出贴图。带 Alpha 通道的贴图，可命名时必须加_al 以区分。

5．通道纹理应用规则

模型需要通过通道处理时，需要制作带有通道的纹理。在制作树的通道纹理时，最好将透明部分改成树的主色，这样在渲染时可以使有效边缘部分的颜色正确。通道纹理在程序渲染时占用的资源比同尺寸普通纹理要多，通道纹理命名时可以-al 结尾。

▷▷▷4.3 Unity 中的着色器

案例 4-3

(1) 打开光盘中的"\第 4 章\4.3\案例 4-3\练习素材\Test"工程项目。场景中包含一个 Floor(地面)、一个 Light(灯)、一个 Player(玩家)。

(2) 在 Project 面板中选择 Materials 文件夹，单击鼠标右键，如图 4-38 所示，执行 Create→Folder 命令，创建一个新文件夹，并重命名为"Crate"。

(3) 打开光盘中的"第 4 章\4.3\案例 4-3\练习素材\Crate"文件夹，将文件夹中的 Crate_Metal_n.png 及 Crate_Metal.png 贴图文件拖拽到"Crate"文件夹中。

(4) 在 Project 面板，选择"Prefabs"文件夹，单击鼠标右键，执行 Create→Prefabs 命令，并重命名为"Crate"，即在该文件夹下创建一个预制体。

(5) 选择"Crate"文件夹，单击鼠标右键，执行 Create→Material 命令，如图 4-39 所示，创建一个新的材质球，并重命名为"Crate_Metal"。

第 4 章 Unity 中模型的导入与材质的基本概念

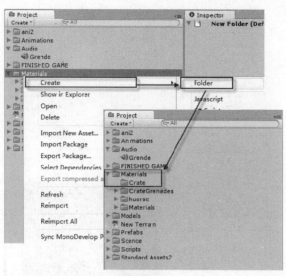

图 4-38

(6) 选择"Crate_Metal"材质球，如图 4-40 所示，在其 Inspector 面板中，单击 shader 右侧的 ▼ 下拉按钮，在弹出的菜单中选择 Bumped Diffuse 选项，将材质球类型设置为 Bumped Diffuse 类型。

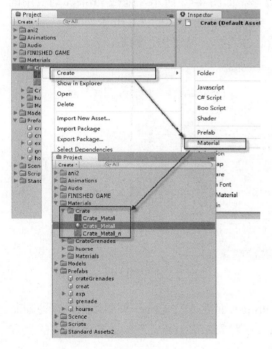

图 4-39

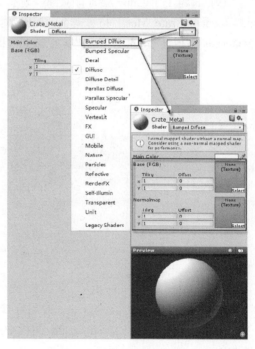

图 4-40

(7) 继续上面的操作，选择"Crate_Metal"材质球，如图 4-41 所示，将 Crate_Metal.png 及 Crate_Metal_n.png 贴图文件，分别拖拽到材质球 Inspector 面板中 Main Color 卷展栏下的 "Base"和"Normalmap"贴图选择框内。

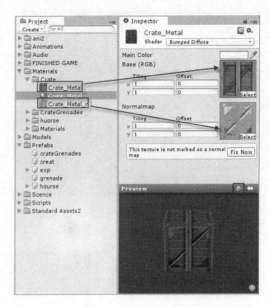

图 4-41

(8) 单击 Preview 区域的■按钮，改变材质球显示方式。

(9) 新建 1 个 Cube 立方体对象，选择该对象。如图 4-42 所示，拖拽 Project 面板中的 ■Crate_Metal "Crate_Metal"材质球到 Cube 对象 Inspector 面板中的 Mesh Renderer 卷展栏 Materials 面板"Default-Diffuse"材质球上，即给该立方体对象添加了材质。

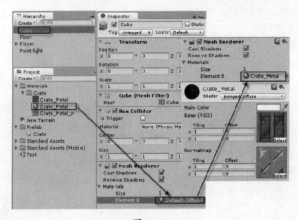

图 4-42

(10) 将具有贴图信息的 Cube 对象拖拽到 Project 面板下的"Crate"预制体上，即使预制体对象具有了材质。选择 Hierarchy 面板中的 Cube 对象，按 Delete 键，删除场景中的立方体对象。

(11) 继续上面的操作，在 Project 面板将"Crate"预制体拖拽到 Scene 视图中，即在游戏场景中创建了一个含有贴图纹理的"Crate"游戏对象。

(12) 在 Hierarchy 面板中选择场景中的"Crate"游戏对象，按快捷键 F，可以在 Scene 视图中居中显示选择的物体，使用鼠标中键，放大显示该对象；如图 4-43 所示，移动场景中的"Point light"灯光对象到"Crate"对象距离合适的位置，便可以在 Scene 视图查看其贴图纹理效果。

图 4-43

(13) 按 Ctrl+S 组合键，保存场景。

▷▷4.4 Unity 中模型导入

Unity 作为一款跨平台的游戏开发工具，从一开始就被设计成易于使用的产品。如图 4-44 所示，该软件支持 Maya、3ds Max、Cheetah 3D 等多种建模软件的模型、贴图、动画、骨骼导出文件。除支持 COllADA 软件导出的 COllADA 格式文件外，其他要求导出 FBX 格式。

3D Package Support	Meshes	Textures	Anims	Bones
Maya .mb & .ma[1]	✓	✓	✓	✓
3D Studio Max .max[1]	✓	✓	✓	✓
Cheetah 3D .jas[1]	✓	✓	✓	✓
Cinema 4D .c4d[1,3]	✓	✓	✓	✓
Blender .blend[1]	✓	✓	✓	✓
modo .lxo	✓	✓		
Autodesk FBX	✓	✓	✓	✓
COLLADA	✓	✓	✓	✓
Carrara[1]	✓	✓	✓	✓
Lightwave[1]	✓	✓	✓	✓
XSI 5.x[1]	✓	✓	✓	✓
SketchUp Pro[1]	✓	✓		
Wings 3D[1]	✓	✓		
3D Studio .3ds	✓			
Wavefront .obj	✓			
Drawing Interchange Files .dxf	✓			

[1] Import uses the application's FBX exporter. Unity then reads the FBX file.
[2] Import uses the application's COLLADA exporter. Unity then reads the COLLADA file.
[3] Cinema4D 10 has a buggy FBX exporter. Please see here for workarounds.

图 4-44

案例 4-4

(1) 打开光盘中的"\第 4 章\4.4\案例 4-4\练习素材\Test"工程项目。场景中包含一个 Floor(地面)、一个 Light(灯)、一个 Player(玩家)。

(2) 在 Project 面板中选择 Model 文件夹，单击鼠标右键，执行 Create→Folder 命令，如图 4-45 所示，在 Model 文件夹下创建一个新文件夹，并重命名为"turret"。

(3) 打开光盘中的"\第 4 章\4.4\案例 4-4\练习素材\Turret"文件夹，将文件夹中的 turret_normal.png 与 turret.png 贴图文件及 turret.fbx 模型文件，拖拽到 Project 面板下的"Turret"文件夹中，即将制作的模型及贴图文件导入 Unity 工程文件夹中。

(4) 如图 4-46 所示，随着模型的导入，"Turret"文件夹下还自动生成一个"Materials"文件夹用于存放新生成的"turret"材质球。

(5) 继续上面的操作，选择 Project 面板下的 turret 材质球，在其 Inspector 面板中，单击 shader 右侧的下拉按钮，在弹出的菜单中选择 Bumped Diffuse 选项，如图 4-47 所示，将材质球类型设置为 Bumped Diffuse 类型。

(6) 如图 4-48 所示，选择 turret 材质球，将 Project 面板下的 turret_normal 贴图文件拖拽到材质球的"Normalmap"贴图选择框内，即对 turret 模型添加了法线贴图，使其具有凹凸纹理效果。

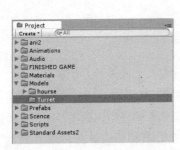

图 4-45

图 4-46

图 4-47

第 4 章 Unity 中模型的导入与材质的基本概念

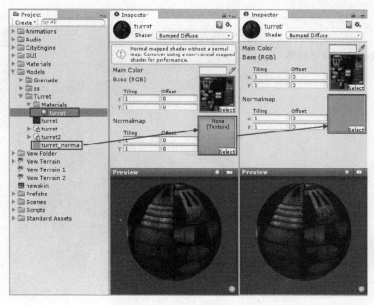

图 4-48

(7) 在 Project 面板中选择 Turret 模型,如图 4-49 所示,在其 Inspector 面板的 FBXImporter 卷展栏下,勾选"Generate Colliders"选项,修改"Scale Factor"数值为 0.1,单击"Apply" 按钮,确定对模型大小和碰撞属性的修改。

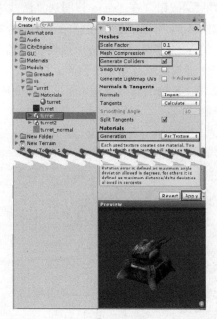

图 4-49

(8) 继续上面的操作,将 Project 面板中的 Turret 模型拖拽到 Scene 视图中,即在游戏场景中创建了一个含有贴图及凹凸纹理的"turret"游戏对象, Hierarchy 面板中出现对应显示,如图 4-50 所示。

(9) 按 Ctrl+S 组合键,保存场景。

93

图 4-50

▶▶4.5 Unity 中有趣的三维坐标轴

在 Unity 编辑器中，激活 ✥ 按钮，在 Scene 视图选择游戏中的任何游戏对象，都会出现该物体的三维坐标轴。如图 4-51 所示，红色坐标轴代表对象在游戏空间中的 X 轴方向，绿色坐标轴代表则代表向上的 Y 轴方向，蓝色坐标轴代表 Z 轴方向；可以在 Scene 面板中直接通过鼠标拖拽的方式改变游戏对象在场景的位置。同时，在对象的 Inspector 面板可以查看到游戏对象在场景中 X、Y、Z 轴的具体数值，通过在该面板修改 Position 的三维数值，实现对场景中模型位置的控制。

图 4-51

第 4 章 Unity 中模型的导入与材质的基本概念

案例 4-5

(1) 打开光盘中的"\第 4 章\4.5\案例 4-5\练习素材\XYZ"工程项目。

(2) 在 Hierarchy 面板选择场景中的"Wall"游戏对象,在其 Inspector 面板修改其在 Transform 卷展栏下 Position 的 Y 数值为 1,效果如图 4-52 所示;当修改其 Position 的 Y 数值为-1 时,效果如图 4-53 所示。

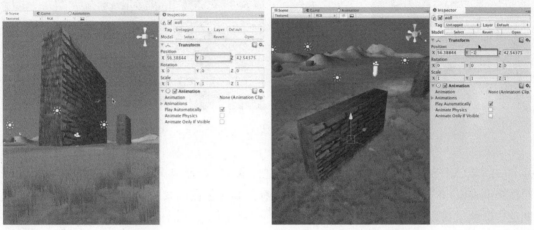

图 4-52　　　　　　　　　　　　　图 4-53

(3) 继续上面的操作,将"Wall"游戏对象 Position 的 Y 数值修改为初始的 0;继续在其 Transform 卷展栏下 Position 的 X 数值为 54,效果如图 4-54 所示;当修改其 Position 的 X 数值为 57 时,效果如图 4-55 所示。

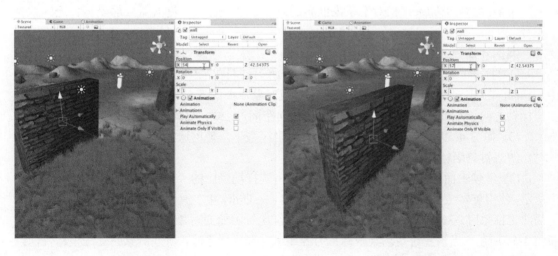

图 4-54　　　　　　　　　　　　　图 4-55

(4) 继续上面的操作,将"Wall"游戏对象 Position 的 X 数值修改为 56,使其恢复到初始位置;修改"Wall"在 Transform 卷展栏下 Position 的 Z 数值为 54,效果如图 4-56 所示;当修改其 Position 的 Z 数值为 57 时,效果如图 4-57 所示。

Unity 游戏开发技术

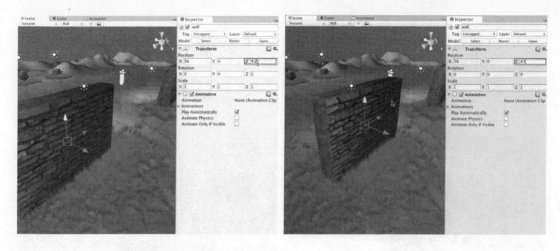

图 4-56　　　　　　　　　　　　　　　图 4-57

(5) 按 Ctrl+S 组合键，保存场景。由上述步骤 2～步骤 4 可知，游戏对象在 Inspector 面板中 Position 的 X、Y、Z 轴三维数值对应着游戏对象在场景中的三维物理坐标，通过改变这些数值就可以实现控制对象在游戏场景中三维坐标位置的目的。

▷▷4.6　局部与全局坐标系

局部(本地)坐标系：相对于对象的原点的三维坐标系，游戏对象的坐标轴随对象改变而改变。

全局(世界)坐标系：相对于三维世界的原点三维坐标系，游戏对象的坐标轴始终保持不变。

案例 4-6

(1) 打开光盘中的"\第 4 章\4.6\案例 4-6\练习素材\XYZ"工程项目。

(2) 在 Hierarchy 面板选择 XYZ-box 游戏对象，如图 4-58 所示，场景中物体默认三维坐标轴方向，X 轴指向物体的右侧，Y 轴指向空间的上方，Z 轴指向物体的前方。

(3) 如图 4-59 所示，默认状态即在世界坐标系下，使用选择工具旋转场景中游戏对象时，游戏对象坐标轴也随之旋转。

(4) 继续上面的操作，在 Hierarchy 面板中选择场景中的"Wall"游戏对象，如图 4-60 所示，使用旋转工具旋转"Wall"到一定的角度，在 Unity 主工具栏区域设置坐标系为 Local 局部坐标系时，Scene 视图中，游戏对象是三维坐标随游戏对象本身原点的改变而改变；如图 4-61 所示，当设置游戏场景坐标系为 Global 全局坐标系时，游戏对象的三维坐标轴向始终与整个游戏场景的原点轴向一致，即始终保持一个方向不变。

(5) 按 Ctrl+S 组合键，保持场景。如图 4-62 所示，单击 Unity 菜单栏上的 Help 按钮，选择下拉菜单中的"Scripting Reference"选项，如图 4-63 所示，在弹出的面板的搜索框中输入"transform"，按回车键，便可以在 Unity 的脚本参考手册中查看到所有关于"transform"即变换的所有相关官方注解。

第 4 章　Unity 中模型的导入与材质的基本概念

图 4-58

图 4-59

图 4-60

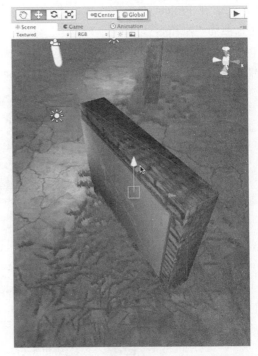

图 4-61

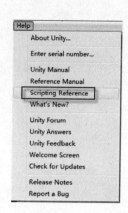 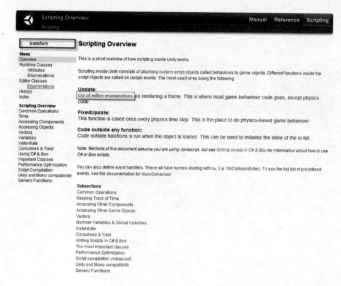

图 4-62   图 4-63

▷▷4.7 投掷物体实例制作

案例 4-7

(1) 打开光盘中的"\第 4 章\4.7\案例 4-7\练习素材\Test"工程项目。场景中包含一个 Floor(地面)、一个 Light(灯)、一个 Player(玩家)。(注:Project 面板中有"Crate"预制体)。

(2) 在 Project 面板单击鼠标右键,执行 Create→Folder 命令,创建一个新文件夹,并重命名为"Scripts"。

(3) 选中"Scripts"文件夹,并单击鼠标右键,如图 4-64 所示,执行 Create->Javascript 命令,创建一个新脚本,并重命名为"Shooting"。

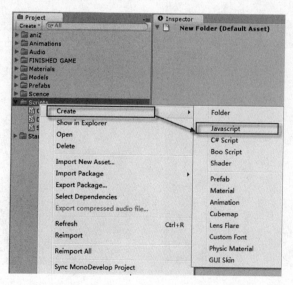

图 4-64

(4) 双击"Shooting"脚本文件,打开脚本编辑器,在编辑器中输入如下代码:

```
var   speed =3.0;
var   grenadePrefab:Transform;
function Update ()
{
  if(Input.GetButtonDown("Fire1"))
  {
    var grenade = Instantiate( grenadePrefab, transform.position, Quaternion.identity);
    grenade.rigidbody.AddForce(transform.forward*2000);
  }
}
```

(5) 按 Ctrl+S 组合键,保存脚本。在 Project 面板选择"Shooting"脚本文件,如图 4-65 所示,将其拖拽到 Hierarchy 面板中"Player"的子对象"Main Camera"上。

(6) 继续上面的操作,在 Hierarchy 面板中选择"Main Camera"游戏对象,查看在 Inspector 面板中的"Shooting"脚本属性,如图 4-66 所示,将 Project 面板中的"crate"预制体拖拽到"Shooting"卷展栏下"Grenade Prefab"右侧的目标选择框内。

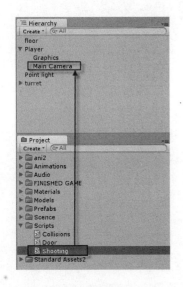

图 4-65

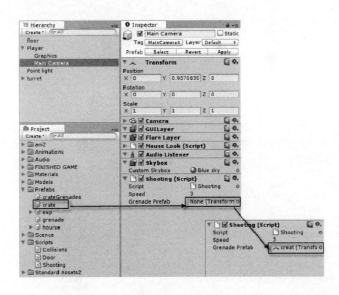

图 4-66

(7) 按 Ctrl+S 组合键,保存场景。单击 Unity 面板中的 ▶ 运行按钮,运行游戏。单击鼠标中键,如图 4-67 所示,实现发射"crate"游戏对象的目的。

注意:游戏运行时,在 Hierarchy 面板选择"Player"游戏父对象,如图 4-68 所示,检查其在 Inspector 面板中的 FPSWalker 与 MouseLook 脚本文件是否勾选,否则摄像机在 Game 视图无法自由旋转或移动。

图 4-67

图 4-68

练 习 题

1. 用 3ds max 三维设计软件，制作导弹，并导入 Unity 3D，如图 4-69 所示。

图 4-69

2. 解释案例 4-7 中的步骤 3 各行代码的含义。
3. 打开案例 4-4 已经制作好的炮弹，并参考案例 4-7，单击空格键让炮弹发射第 1 题制作好的导弹(注：获取空格键事件 Input.GetKeyDown ("space"))。

第4章 Unity 中模型的导入与材质的基本概念

读书笔记：

第5章 与模型的交互制作

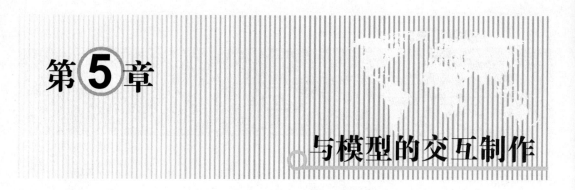

本章通过墙体交互制作、Special Effects 特效设置、武器与爆炸特效制作、添加音效等几个案例,介绍如何在 Unity 中使用脚本实现对模型的交互操作。

▷▷5.1 墙体的交互动画制作

5.1.1 为物体添加动画

本节主要介绍:如何在场景中通过复制、缩放、移动等工具创建简单的游戏对象,并学习使用 Animation 面板中的动画记录工具,为游戏物体添加动画。

案例 5-1

(1) 打开光盘中的"\第 5 章\5.1\案例 5-1\练习素材\Test"工程项目。场景中包含一个 Floor(地面)、一个 Light(灯)、一个 Player(玩家)。

(2) 在 Hierarchy 面板,选择场景中的 Floor 对象,执行 Edit→Duplicate 操作(快捷键 Ctrl+D),如图 5-1 所示,复制一个 Floor 对象,重命名为 Floor2。

(3) 将 Scene 视图切换到顶视图,沿 Z 轴移动 Floor2 的位置,如图 5-2 所示,使其与 Floor 对齐,也可以在 Floor2 的 Inspector 面板调节其 Transform 的 Z 轴 Position 数值来实现。

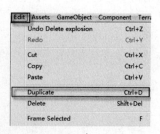

图 5-1

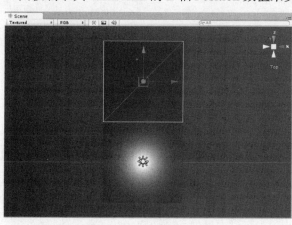

图 5-2

(4) 如图 5-3 所示,执行 GameObject→Create Other→Cube 操作,在场景中创建一个 Cube 立方体对象,重命名为 Wall。

(5) 在 Inspector 面板,设置 Cube 立方体的 Position 三维数值分别为 25、2、0。其 Scale 三维数值分别为 10、3.5、1,如图 5-4 所示,也可以通过 ✥ 移动和 ⬚ 缩放工具,在 Scene 视图拖拉移动 Wall 的三维坐标,实现上述操作。

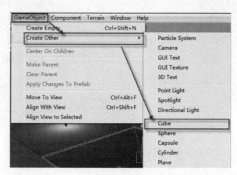

图 5-3　　　　　　　　　　　　　　　　图 5-4

(6) 如上述步骤(2),复制 Wall 对象,重命名为 Wall2,并沿 X 轴移动 Wall2,效果如图 5-5 所示。

(7) 选择场景中的 Wall 对象,按 Ctrl+D 组合键再复制一个游戏对象,重命名 Door。如图 5-6 所示,设置其 Position 三维数值分别为 35、2、0。其 Scale 三维数值分别为 10、3.5、0.4。效果效果如图 5-7 所示。

注意:以自行调整的数值为准。

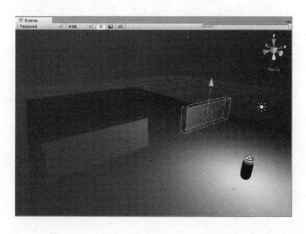
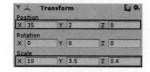

图 5-5　　　　　　　　　　　　　　　　图 5-6

(8) 单击 Scene 视图右上角的 ≣ 下拉菜单,如图 5-8 所示,选择 Animation 选项,这样 Animation 视图就显示在 Unity 的主控面板中。

(9) 选择场景中的 Door 对象,如图 5-9 所示,在 Animation 面板单击 Create New Clip 菜单,为 Door 创建一个动画,弹出保存对话框,输入 "Door-open" 并保存。查看 Door 的 Hierarchy 面板,物体添加了一个动画属性,如图 5-10 所示。

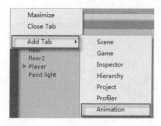

图 5-7　　　　　　　　　　　　　图 5-8

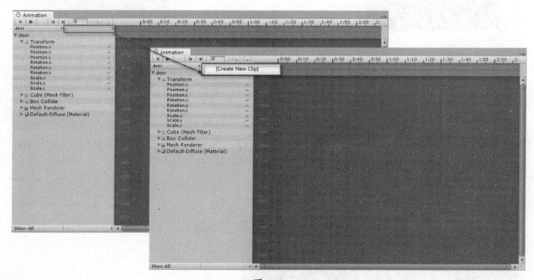

图 5-9

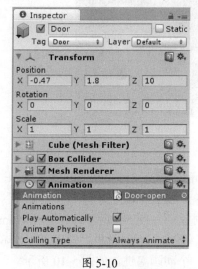

图 5-10

(10) 下面开始录制动画。单击 Animation 面板中的 ●Record 记录按钮，开始记录 Door 游戏对象下降的动画。

(11) 选择左侧面板中的 Position Y，如图 5-11 所示，单击右侧的 复合按钮，在下拉菜单中选择 Add Key 添加关键帧选项，这样就开始从 0 帧开始记录动画。

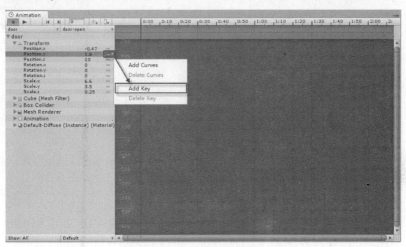

图 5-11

(12) 在 Animation 面板的时间轴区域，移动红色的时间帧到 1∶00 的位置。如图 5-12 所示，在 Scene 面板中，沿 Y 轴向下移动 Door 对象，使其顶部的面与 Floor 对齐。

注意：移动时不可以移动创建的初始关键帧。

图 5-12

（13）再次单击 Record 记录按钮，完成动画记录。单击 Unity 工具栏上的 ▶Play 按钮，在 Game 视图查看为 Door 游戏对象添加的动画，门下降的动画自动在场景中进行播放。

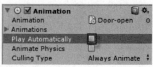

（14）在 Project 面板选择 Door 对象，查看其在 Inspector 面板上的 Animation 属性，如图 5-13 所示，取消对默认(Play Automaticlly)自动播放选项的勾选。这样当单击 ▶Play 按钮时，记录的"Door-open"动画将不能在 Game 视图自动播放。下面的章节将对为动画添加脚本进行讲解。

图 5-13

（15）按 Ctrl+S 组合键，保存场景。

5.1.2 为动画添加脚本

本节主要介绍如何为动画添加脚本，并通过(Add Tag...)添加目标工具，实现脚本与"Player"玩家的关联，进而实现游戏的简单触发事件。

案例 5-2

（1）继续上一小节的操作，在 Project 面板中创建新文件夹，重命名为"Scripts"，如图 5-14 所示，单击 Unity 菜单栏上的 Assets 按钮，执行 Create→JavaScript 操作，创建一个新的脚本，并重命名为"Door"。

（2）选择"Dor"脚本对象，单击其在 Inspector 面板中的 Edit 编辑按钮，在弹出的脚本编辑器中重输入如下语句：

```
function OnControllerColliderHit (hit : ControllerColliderHit )
{
    if(hit.gameObject.tag == "Door")
    {
        hit.gameObject.animation.Play("Door-open");
    }
}
```

（3）按 Ctrl+S 组合键，保存脚本。如图 5-15 所示，在 Door 立方体对象的 Inspector 面板中，单击"Tag"右侧的 复合按钮，在弹出的下拉菜单中选择"Add Tag..."添加目标选项。

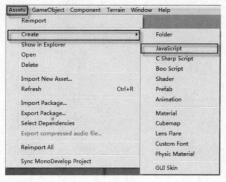

图 5-14

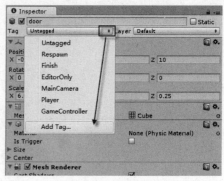

图 5-15

(4) 在 Inspector 面板中出现了 Tag Manager 卷展栏，如图 5-16 所示，单击 Tags 左侧的下拉按钮，在 Element 0 右侧的输入框中输入"Door"。

(5) 在 Hierarchy 面板中选择 Door 游戏对象，Inspector 面板恢复到正常显示状态。如上述步骤 3，单击"Tag"右侧的复合按钮，在弹出的下拉菜单中，选择新添加的"Door"目标选项，如图 5-17 所示。

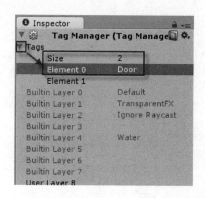
图 5-16

图 5-17

(6) 如图 5-18 所示，选择 Project 面板中的"Door"脚本对象，将其拖动到 Inspector 面板中的 Player 游戏对象上，即对摄像机对象添加了脚本组件，用来模拟游戏玩家的视角。

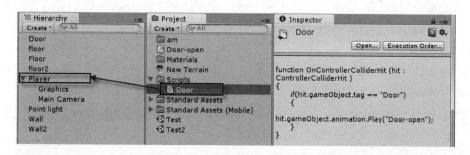
图 5-18

(7) 单击 Unity 工具栏上的 ▶ Play 运行按钮，使用游戏热键 A、S、D、W 键，在 Game 视图中检测脚本运行情况。当游戏玩家"Player"(即摄像机)向场景中的"Door"对象近距离碰撞时，播放了大门下降过程的"Door-open"动画。

(8) 单击 ▶ Play 按钮，结束游戏运行。上述步骤发现，"Player"需要与"door"对象近距离碰撞时才能触发"Door-open"动画，这样运行不是效果不佳。下面的章节中将介绍如何设置动画开启范围。

(9) 按 Ctrl+S 组合键，保存场景。

注意：当"Player"玩家(即摄像机)无法前后左右自由移动时，请检查"Player"的 Inspector 面板中"FPSWalker"与"MouseLook"默认资源脚本是否丢失，如图 5-19 所示，单击右侧的 ⊙ 选择按钮，在弹出的"Select MomoScript"菜单中可以添加，否则无法运行。其他情况，具体查看"Console"控制面板的报错内容进行修改。

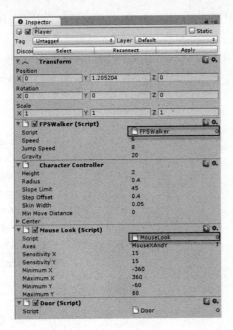

图 5-19

5.1.3 设置动画开启范围

本节主要介绍如何在脚本中通过多种方式,设置动画"Door-open"的开启范围,即设置游戏的触发范围。

案例 5-3

(1) 继续上一小节的操作,如图 5-20 所示,在 Project 面板中选择"Player"游戏对象,双击其在 Inspector 面板中 Door 卷展栏下的"Door"脚本,打开脚本编辑器。

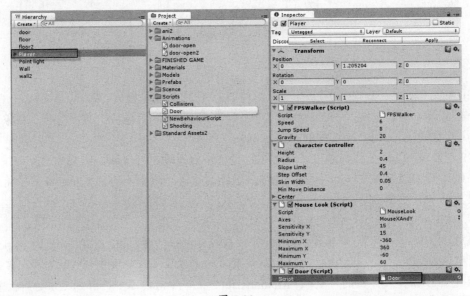

图 5-20

(2) 查看之前编写的语句，使用多行注释符"/*"、"*/"放置于语句的首、尾，将上一案例中的语句注释掉，这样便于以后比较和再次修改使用。

(3) 如图 5-21 所示，在编辑器重输入新的脚本语句：

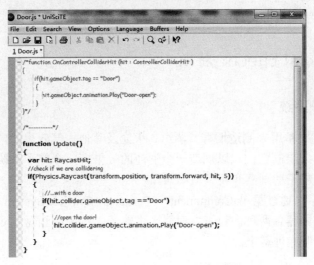

图 5-21

(4) 按 Ctrl+S 组合键，保存脚本。单击 ▶ Play 运行按钮，使用游戏热键 A、S、D、W 键，在 Game 视图测试游戏，当"Player"玩家(即摄像机)向场景中的"Door"游戏对象靠近时，在距离其 5 个单位时"Door-open"动画开始播放，即通过脚本实现了一定范围内触发动画的目的。

(5) 再次单击 ▶ Play 按钮，结束游戏。在 Project 面板选择"Player"对象，查看其 Inspector 面板属性，如图 5-22 所示。

(6) 同上述步骤(3)~步骤(5)，在脚本编辑器中输入如下语句：

```
var rayCastLength = 5;
function Update()
{
  var hit: RaycastHit;
  if(Physics.Raycast(transform.position, transform.forward, hit, rayCastLength))
    {
      if(hit.collider.gameObject.tag == "Door")
      {
          hit.collider.gameObject.animation.Play("Door-open");
      }
    }
}
```

(7) 按 Ctrl+S 组合键，保存脚本。在 Inspector 面板查看"Player"对象的"Door"脚本属性，如图 5-23 所示，变量"rayCastLength"显示在 Door(Script)卷展栏中，可以直接在该面板中改变"rayCastLength"的数值，进而改变动画开启的触发范围。

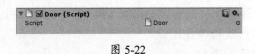
图 5-22

图 5-23

(8) 按 Ctrl+S 组合键，保存 Unity 场景。

▷▷5.2 Special Effects 特效

5.2.1 理解粒子系统

粒子在 Unity 中是用来制造烟雾、蒸汽、火光及其他大气效果的。粒子系统通过使用一或两个纹理并多次绘制它们，以创造一个混沌的效果。一个粒子系统由三个独立部分组成：粒子发射器、粒子动画器和粒子渲染器。

如图 5-24 所示，通过菜单 Components→Particles→Particle System，Unity 自带粒子发射器、动画器、渲染器各两种。粒子发射器产生粒子，粒子动画器则随时间移动它们，粒子渲染器将它们绘制在屏幕上。

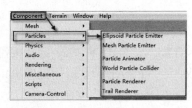
图 5-24

5.2.2 火花的点燃

案例 5-4

(1) 打开光盘中的"\第 5 章\5.2\案例 5-4\练习素材\Test"工程项目。

(2) 如图 5-25 所示，执行 GameObject→Create Other→Particle System 命令，在场景中创建一个粒子系统，并将其移动到场景中的"Turret"炮塔游戏对象的发射管前。

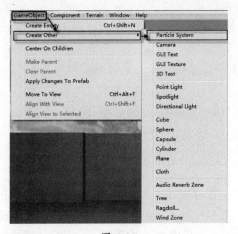
图 5-25

(3) 在 Hierarchy 面板选择游戏场景中的 Particle System 对象，查看其在 Inspector 面板中的组件属性。如图 5-26 所示，改变其 Paritcle Animator 卷展栏下的 Color Animation 颜色，效果如图 5-27 所示。

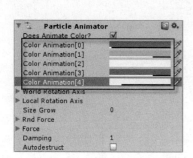

图 5-26　　　　　　　　　　　　　　　图 5-27

(4) 继续上面的操作，如图 5-28 所示，改变 Particle System 对象在 Ellipsoid Particle Emitter 卷展栏下的 Ellipsoid 数值为 0.15、0.15、0.15，并取消该卷展栏下对 Simulate in Worldspace 的勾选，效果如图 5-29 所示。

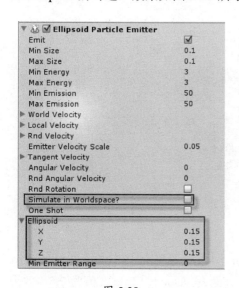

图 5-28　　　　　　　　　　　　　　　图 5-29

(5) 如图 5-30 所示，改变 Paritcle Animator 卷展栏下的 Force 数值为：0、0、10，并把 Hierarchy 面板里的 Particle System 对象拖拽到 turret 游戏对象上，如图 5-31 所示。

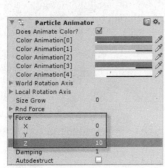
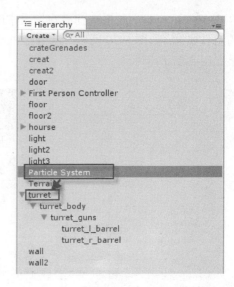

图 5-30　　　　　　　　　　　　　　图 5-31

(6) 如图 5-32 所示，选择游戏场景中的 Particle System 对象，在顶视图使用 旋转工具沿 Y 轴选择粒子对象，使其向 turret 对象的前方发射，或者通过设置 Particle System 对象在 Inspector 面板中 Transform 卷展栏下的 Rotation 数值来实现上述效果。

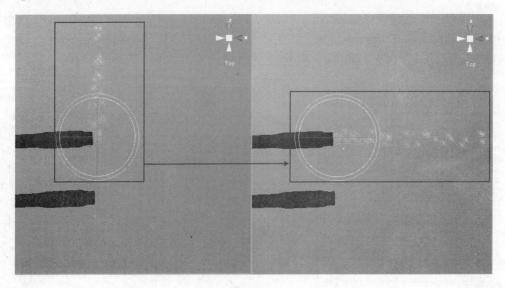

图 5-32

(7) 继续上面的操作，如图 5-33 所示，单击 Paritcle Renderer 卷展栏下 Stretch Parkticles 右侧的 : 下拉按钮，在下落列表中选择 "Stretch"，并改变 Velocity Scale 数值为 0.5，效果如图 5-34 所示。

(8) 如图 5-35 所示，选择粒子对象，改变其 Inspector 面板中 Ellipsoid Particle Emitter 卷展栏下 Min Energy 数值为 0.5，Max Energy 数值为 1，Max Emission 数值为 200；并改变其 Paritcle Animator 卷展栏下 Size Grow 数值为 2，效果如图 5-36 所示。

第5章 与模型的交互制作

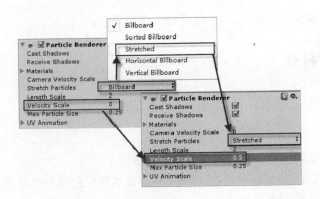

图 5-33

图 5-34

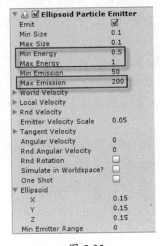

图 5-35

图 5-36

(9) 继续上面的操作，如图 5-37 所示，在 Hierarchy 面板中选中 Paritcle System 粒子对象，执行 Edit→Duplicate 命令，复制另一个粒子对象，并拖到另一个发射管前面。

(10) 单击 ▶ Play 运行按钮，查看游戏中粒子运行效果，如图 5-38 所示。

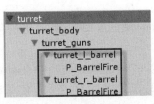

图 5-37

图 5-38

(11) 再次单击 ▶ Play 按钮，结束游戏。按 Ctrl+S 组合键，保存场景。

▷▷▷5.3　武器与爆炸特效制作

5.3.1　拾取物体

案例 5-5

(1) 打开光盘中的"\第 5 章\5.3\案例 5-5\练习素材\Test"工程项目。

(2) 通过菜单执行 GameObject→Create Other→Cube 操作，在游戏场景中创建一个立方体，将其移动到摄像机前，便于 Game 视图观看效果。

(3) 在 Project 面板下，选择 Materials 文件夹，单击鼠标右键，在弹出的菜单中执行 Create→Folder 操作，在 Materials 文件夹下创建一个新的文件夹，重命名为 CrateGrenades。

(4) 打开光盘，找到光盘目录"\第 5 章\5.3\案例 5-5\练习素材\CrateGrenade\"文件夹下的"GrenadeCrate.jpg"贴图文件，将其拖拽到 Project 面板下的 CrateGrenades 文件夹中，贴图文件被导入到 Unity 工程文件中，如图 5-39 所示，其贴图属性显示在 Inspector 面板中。

(5) 继续上面的操作，选择 CrateGrenades 文件夹，单击鼠标右键，执行 Create→Material 操作，在该文件夹创建一个新的材质球，重命名为"CrateGrenade"，如图 5-40 所示。

图 5-39

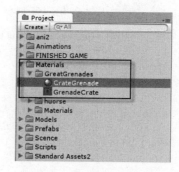

图 5-40

(6) 如图 5-41 所示，将 Project 面板下的 CrateGrenade 贴图文件拖拽到材质球的"Base(RGB)"贴图选择框内。

(7) 继续上面的操作，选择"CrateGrenade"材质球，可以在 Inspector 面板中查看其属性，单击 Preview 预览区域的 ■ 按钮，可以切换材质球预览显示方式，并在该区域拖动鼠标可以全角度地查看材质球显示效果。

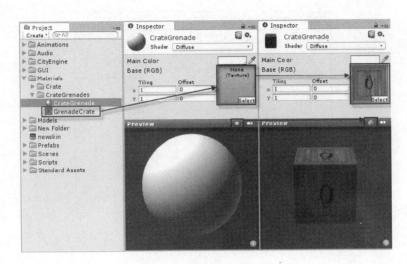

图 5-41

(8) 在 Project 面板选择 "CrateGrenade" 材质球,将其拖拽到 Scene 视图中的 Cube 游戏对象上,立方体显示效果如图 5-42 所示。

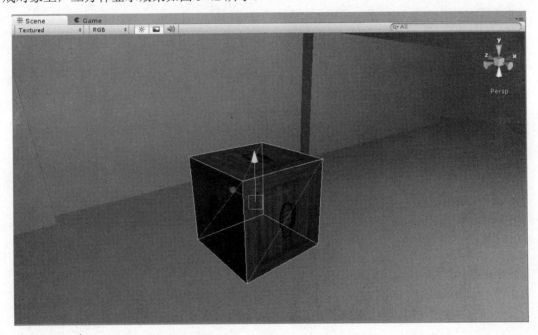

图 5-42

(9) 继续上面的操作。如图 5-43 所示,执行 Assets→Create→Prefab 操作,即在 Project 面板创建一个 "new Prefab" 新预制体,重命名为 "CrateGrenades",并将其拖拽到 Project 面板下的 Prefabs 文件夹中。

注意:新建 Prefab 预制体会显示在 Project 面板中,而不会出现在 Hierarchy 面板或场景中。

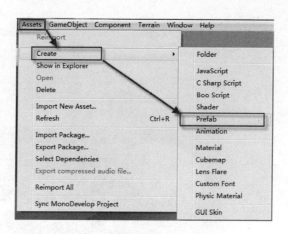

图 5-43

(10) 在 Hierarchy 面板选择 Cube 游戏对象，将其拖拽到 Project 面板中的 "CrateGrenades" 预制体上，如图 5-44 所示。

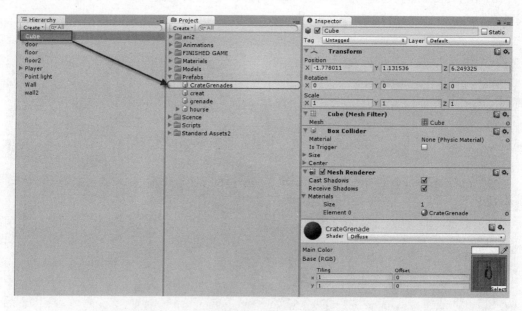

图 5-44

(11) 执行 File→Save Scene 操作，保存场景。选择场景中的 Cube 对象，执行 Edit→Delete 操作删除立方体。

(12) 继续上面的操作，选择 Project 面板中的 "CrateGrenades" 预制体，将其拖拽到 Scene 视图或者 Hierarchy 面板上，在场景中创建新的 CrateGrenades 立方体，并将其放置在 Door 游戏对象的后面，如图 5-45 所示。

(13) 选择 Project 面板中 Scripts 文件夹下的 "Door" 脚本，重命名为 "Collisions"。

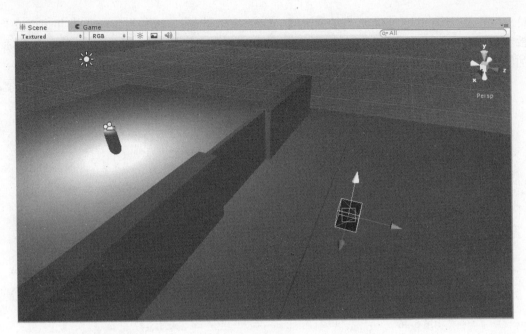

图 5-45

(14) 单击"Edit"按钮,删除脚本中的"/*"、"*/"多行注释符,如图修改脚本语句如下:

```
function OnControllerColliderHit (hit : ControllerColliderHit )
{
        if(hit.gameObject.tag == "CrateGrenades")
    {
        print( "BOX OF AMMO FOUND!" );
    }
}
var rayCastLength = 5;
function Update()
{
  var hit: RaycastHit;
  //check if we are collidering
  if(Physics.Raycast(transform.position, transform.forward, hit, rayCastLength))
    {
        //...with a door
      if(hit.collider.gameObject.tag =="Door")
    {
        //open the door
        hit.collider.gameObject.animation.Play("Door-open");
    }
  }
}
```

(15) 在 Hierarchy 面板选择场景中的 "CrateGrenades" 立方体对象,在其 Inspector 面板单击 "Tag" 右侧的 复合按钮,在弹出的下拉菜单中选择 "Add Tag..." 添加目标选项,如图 5-46 所示。

(16) 如图 5-47 所示,查看 Inspector 面板出现的 Tag Manager 卷展栏,单击 Tags 左侧的下拉按钮,在 Element 1 右侧的输入框中输入 "CrateGrenades",即场景中被拾取物体名称。

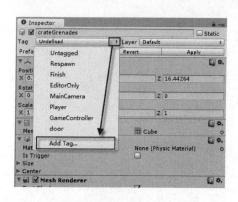 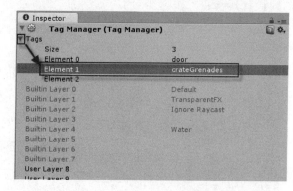

图 5-46   图 5-47

(17) 继续上面的操作,再次选择在 Hierarchy 面板中的 CrateGrenades 游戏对象,Inspector 面板恢复到正常显示状态。单击 "Tag" 右侧的 复合按钮,在弹出的下拉菜单中,选择新添加的 "CrateGrenades" 目标选项,如图 5-48 所示。

(18) 按 Ctrl+S 组合键保存场景。单击 Unity 工具栏上的 ▶ Play 按钮,使用游戏 A、S、D、W 热键,在 Game 视图测试游戏。

(19) 使用 W 键,操作 "Player" 玩家(即摄像机)向场景中的 "Door" 对象前进,首先在距离门 5 个单位时触发 "Door-open" 动画,穿过下降的门,继续前进,控制 "Player" 玩家拾取(碰撞)门后的 "CrateGrenades" 游戏对象。

(20) 单击 ▶ Play 按钮,结束游戏。单击 Unity 编辑器左下工作区域,弹出 Console 面板,如图 5-49 所示,查看游戏运行结果 "BOX OF AMMO FOUND!",即脚本控制拾取物体成功。

 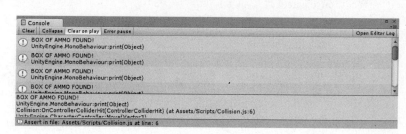

图 5-48   图 5-49

5.3.2 准备手榴弹

案例 5-6

(1) 继续上一小节的操作。选择 Project 面板下的 Models 文件夹,单击鼠标右键执行 Create→Folder 命令,重命名为文件夹 "Grenade"。

(2) 打开光盘中的"\第 5 章\5.3\案例 5-6\练习素材\Grenade"文件夹，将"grenade_normal.bmp"、"grenade.bmp"、"grenade.fbx"三个文件拖拽到 Unity 编辑器中的"Grenade"文件夹中。如图 5-50 所示，即将手榴弹的模型及贴图(包含一张法向贴图)文件导入 Unity 工程文件。

(3) 在 Project 面板中，选择"Grenade"文件夹下的 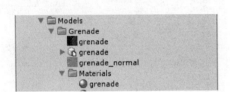 模型文件，在 Inspector 面板查看其属性。如图 5-51 所示，勾选"Generate Colliders"产生碰撞选项。

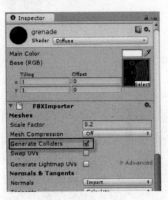

图 5-50　　　　　　　　　　　　　　　图 5-51

(4) 选择 Materials 文件夹下的 grenade 材质球，如图 5-52 所示，在其 Inspector 面板中，单击 Shader 右侧的 下拉按钮，在弹出的菜单中选择 Bumped Diffuse 选项，将材质球类型设置为 Bumped Diffuse 类型。

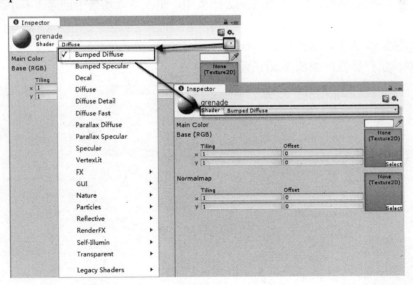

图 5-52

(5) 如图 5-53 所示，将 Project 面板中的"grenade.bmp"贴图文件和"grenade_normal.bmp"法向贴图文件拖拽到 Inspector 面板 Bumped Diffuse 材质球的贴图文件内。在 Preview 内拖拽鼠标可以全视角查看材质球效果。

(6) 继续上面的操作。如图 5-54 所示，选择 grenade 模型文件，在其 Inspector 面板改变 Scale Factor 数值为 0.2，并单击面板上的"Apply"按钮，确定应用。

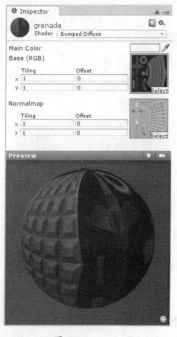

图 5-53

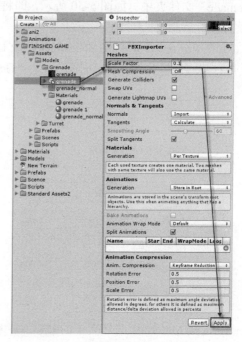

图 5-54

(7) 拖拽 grenade 模型文件到 Scene 面板中，即在游戏场景中创建了大小适中的手榴弹模型。

(8) 如图 5-55 所示，选择执行 Component→Physics→Rigidbody 命令，为 grenade 模型文件添加刚体组件属性，如图 5-56 所示。

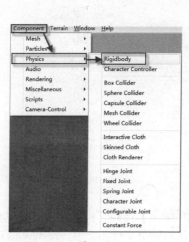

图 5-55

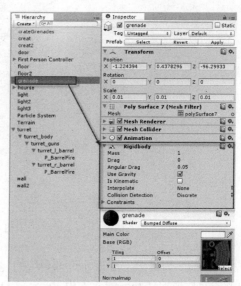

图 5-56

(9) 选择 Project 面板上的 prefabs 文件夹，执行 Assets→Create→Prefab 命令，在该文件夹下创建一个新的预制体，并重命名为"Grenade"。

(10) 如图 5-57 所示，在 Hierarchy 面板中的选择场景中的 Grenade 游戏对象，将其拖拽到 Project 面板中的 Grenade 预制体上，这样就在 Unity 工程文件中创建了具有贴图和刚体属性的预制体对象，便于在以后的操作中通过脚本进行批量调用。

(11) 再次选择场景中的 Grenade 游戏对象，执行 Edit->Delete 命令，删除该游戏对象。按 Ctrl+S 组合键，保存游戏场景。

5.3.3 手榴弹脚本编写

案例 5-7

(1) 继续上一小节的操作。打开 Unity 场景，选择在 Project 面板中 Script 文件夹下的 Collisions 脚本文件，如图 5-58 所示，修改脚本语句。

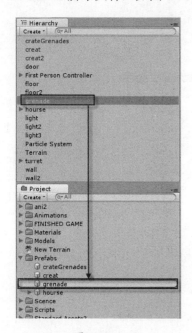

图 5-57

图 5-58

(2) 单击 Unity 菜单栏上的"Assets"按钮，在下拉菜单中执行 Create→JavaScript 命令，创建一个新的脚本，重命名为"Shooting"，并将其拖拽到 Project 面板中的 Scripts 文件夹中。

(3) 双击"Shooting"脚本文件，打开脚本编辑器。输入脚本语句如下：

```
var    speed =3.0;
var    grenadePrefab:Transform;
function Update ()
{
    //find out if a fire button is pressed
    if(Input.GetButtonDown("Fire1"))
    {
```

```
            //create the prefab
        var grenade = Instantiate( grenadePrefab, transform.position, Quaternion.identity);
            //add force to the prefab
        grenade.rigidbody.AddForce(transform.forward*2000);
    }
}
```

(4) 如图 5-59 所示，拖拽 Shooting 脚本文件到 Player 游戏对象下的 Main Camera 子对象上，并拖拽 Project 面板 Prefab 文件夹下的 Grenade 预制体对象到 Main Camera 的 Inspector 面板 Shooting 卷展栏下的 Grenade Prefab 右侧选择框内。

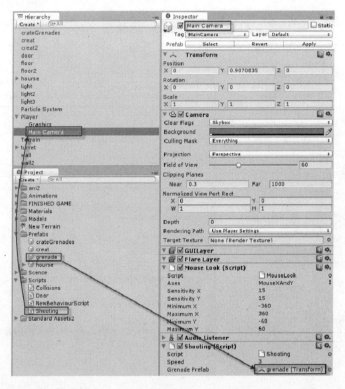

图 5-59

(5) 按 Ctrl+S 组合键保存场景。单击 Unity 工具栏上的 ▶ Play 按钮，单击鼠标键，测试游戏发现，手榴弹通过鼠标发射出来，且手榴弹具有模拟物理碰撞的刚体属性。

(6) 单击 ▶ Play 按钮，结束游戏。

(7) 再次双击 "Shooting" 脚本文件，打开脚本编辑器。如图 5-60 所示，修改脚本语句。

(8) 按 Ctrl+S 组合键，保存脚本文件。单击 Unity 工具栏上的 ▶ Play 按钮，使用游戏 W、A、S、D 热键，在 Game 视图测试游戏。

(9) 这时单击鼠标中键，不能发射手榴弹，需要拾取游戏场景中的 "crateGrenades" 立方体对象来装载手榴弹。使用 W 键，操作 "Player" 玩家(即摄像机)向场景中的 "Door" 对象前进，"door-open" 动画播放完毕后，穿过下降的门，继续前进，控制 "Player" 玩家拾取场景中的 "crateGrenades" 游戏对象，便拾取了 8 个手榴弹。

第 5 章 与模型的交互制作

```
1 Shooting.js  2 Collisions.js
var speed =3.0;
var grenadePrefab:Transform;
function Update ()
{
    //find out if a fire button is pressed
    if(Input.GetButtonDown("Fire1"))
    {
        if(Collisions.GRENADE_AMMO >0)
        {
            //create the prefab
            var grenade = Instantiate( grenadePrefab, transform.position, Quaternion.identity);
            //add force to the prefab
            grenade.rigidbody.AddForce(transform.forward*2000);
            Collisions.GRENADE_AMMO --;
            print("YOU NOW HAVE"+ Collisions.GRENADE_AMMO+"GRENADES");
        }
    }
}
```

图 5-60

(10) 现在单击鼠标中间，便可以发射手榴弹。如图 5-61 所示，查看 Unity 编辑器左下工作区域，游戏运行结果 "YOU NOW HAVE 6 GRENADES"。随着手榴弹发射的增加，数值也随之减少。当数值为 0 时，单击鼠标中键不能发射手榴弹。游戏测试成功。

图 5-61

(11) 单击 ▶ Play 按钮，结束游戏。按 Ctrl+S 组合键，保存场景。

5.3.4 添加爆炸

案例 5-8

(1) 打开光盘中的 "\第 5 章\5.3\案例 5-8\练习素材\Test" 工程项目。

(2) 当在 Project 面板的搜索框中输入 "exp…" 等几个开头字母，便可快速检索 Standard Assets 文件夹中的 "explosion" 粒子对象，并将其拖拽到游戏场景中，将其移动到 "Player" 玩家(即摄像机)前，单击 ▶ Play 按钮，查看运行效果如图 5-62 所示。

图 5-62

(3) 单击 ▶ Play 按钮，结束游戏。如图 5-63 所示，查看"explosion"粒子在 Inspector 面板上的 TimeOut 参数，即火焰爆炸效果在游戏运行时持续的时间值。

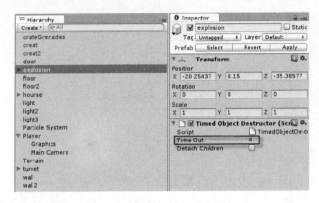

图 5-63

(4) 如图 5-64 所示，在 Hierarchy 面板选择 explosion 的 large flames 子对象，取消其在 Inspector 面板上的 Animation 选项，并在其 Ellipsold Particle Emitter 卷展栏中取消 Simulate in Worldspace 选项，勾选 One Shot 选项。

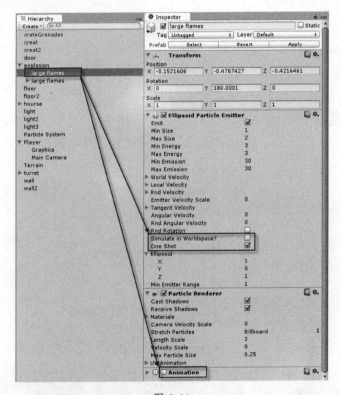

图 5-64

(5) 如上述步骤(4)，选择 explosion 的另一"large flames"子对象，取消其 Animation、Simulate in Worldspace 选项，勾选其 One Shot 选项。

(6) 按 Ctrl+S 组合键，保存场景。

5.3.5 爆炸脚本编写

案例 5-9

(1) 继续上面的操作。选择 Project 面板下的 Prefab 文件夹，执行 Assets→Create→Prefab 命令，并重命名为"exp"。

(2) 如图 5-65 所示，在 Hierarchy 面板选择场景中的"explosion"游戏对象，并将其拖拽到 Project 面板上的"exp"预制体对象上。

(3) 执行 Edit→Delete 命令，删除场景中的"explosion"粒子对象。

(4) 选择 Project 面板上的 Scripts 文件夹，执行 Create→JavaScript 命令，并重命名为"GrenadeScript"。

(5) 双击"GrenadeScript"脚本对象，打开脚本编辑器，输入如下语句：

```
var creationTime=Time.time;
var explosionPrefab:Transform;
var lifetime=3;
function Awake()
{
    creationTime = Time.time;
}
function Update()
{
  if(Time.time>( creationTime + lifetime))
  {
    Destroy(gameObject);
    Instantiate(explosionPrefab,transform.position,Quaternion.identity);
  }
}
```

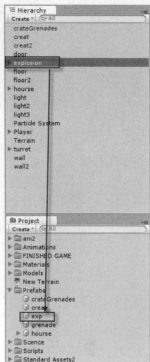

图 5-65

(6) 继续上面的操作，如图 5-66 所示，将"GrenadeScript"脚本对象拖拽到"grenade"预制体上，即该对象添加了脚本组件。

(7) 按 Ctrl+S 组合键，保存脚本。如图 5-67 所示，在 Project 面板选择"grenade"预制体对象，拖拽"exp"预制体到其 Inspector 面板 GrendeScript 卷展栏下的 explosionPrefab 右侧的选择框内。

(8) 按 Ctrl+S 组合键，保存场景。单击 ▶Play 按钮，运行游戏。W 键控制"Player"玩家穿过下降的门，拾取"crateGrenade"立方体对象后，如图 5-68 所示，使用鼠标中键投掷手榴弹，手榴弹落地后消失，并产生爆炸火焰粒子效果，且粒子爆炸效果只持续 4 秒钟。

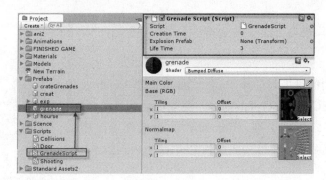

图 5-66

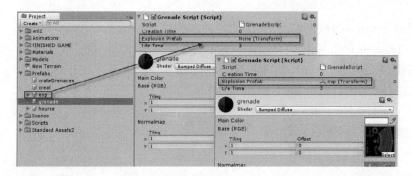

图 5-67

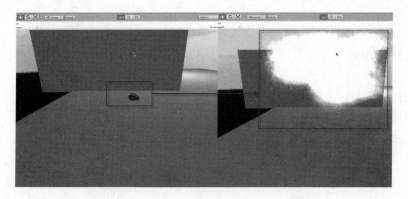

图 5-68

(9) 再次单击 ▶ Play 按钮，结束游戏。

▷▷5.4 添加音效

案例 5-10

(1) 打开光盘中的 "\第 5 章\5.4\案例 5-10\练习素材\Test" 工程项目。打开光盘中的 "\第 5 章\5.4\案例 5-10\练习素材\Audio\Grende.mp3" 音乐文件，将其拖拽到 Project 面板的 Audio 文件夹中。

(2) 如图 5-69 所示，选择 Project 面板中的 Grenade 音乐文件，在其 Inspector 面板单击 Preview 区域的 ▶ Play 按钮，可以倾听音效。

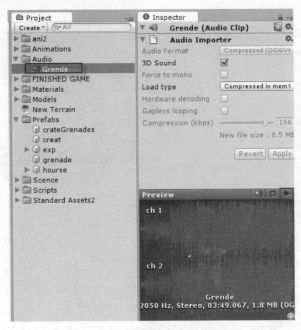

图 5-69

(3) 如图 5-70 所示，在 Project 面板中选择"exp"预制体对象，将 Grende 音乐文件拖拽到该预制体上，即对"exp"火焰粒子对象添加了音乐组件，或者拖拽到其 Inspector 面板中也可实现上述效果。

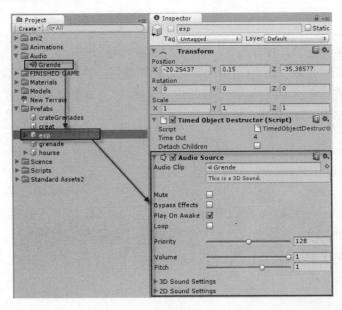

图 5-70

(4) 单击 Hierarchy 面板上 Player 下的 Main Camera 子对象，如图 5-71 所示，查看其在 Inspector 面板上的组件属性，Audio Listener 起到在游戏运行时侦听场景中的音乐的效果。

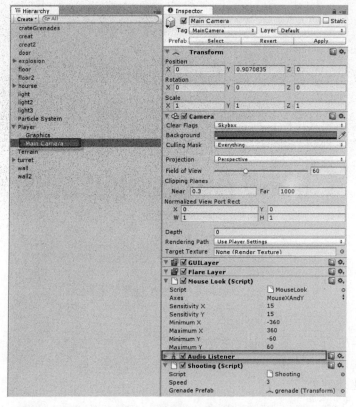

图 5-71

(5) 按 Ctrl+S 组合键，保存场景。单击 ▶ Play 按钮，运行游戏。W 键控制"Player"玩家穿过下降的门，拾取"crateGrenade"立方体对象后，使用鼠标中键投掷手榴弹，手榴弹落地后消失，在产生火焰爆炸特效的同时，可以侦听到手榴弹爆炸的声音特效。

(6) 再次单击 ▶ Play 按钮，结束游戏。

练 习 题

1. 根据案例 5-1，把 Door 开门方向改为左右同时开门。
2. 根据案例 5-10，在场景中增加两个箱子，实现当投掷手榴弹落到箱子附近时，手榴弹爆炸并且箱子起火。

读书笔记:

第6章 GUI 图形用户界面和菜单

Unity 3D 中具有一个强大的 GUI 功能，我们可以利用 GUI 来制作浏览界面、按钮、滚动条、对话框等对象。本章讲解如何利用 GUI 打造 Unity 中的按钮，并使之与脚本产生关联，实现 GUI 界面与场景游戏对象之间的交互作用。

▶▶6.1 理解 Unity GUI 图形用户界面

6.1.1 Game Interface Elements 游戏界面元素

GUI 是图形用户界面的简称。为游戏创建界面元素，Unity 3D 提供了一些选项，在 Unity 菜单栏中执行 GameObject→Create Other→……命令，如图 6-1 所示，可以选择使用 GUI Text 和 GUI Texture 对象在游戏场景中任意界面内容和文字效果的控件类型，也可以使用 GUI 3D 在场景中具有 3D 立体效果的控件文字。

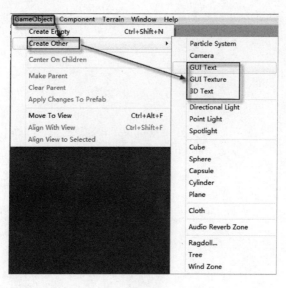

图 6-1

6.1.2 GUI Scripting Guide 用户图形界面脚本指南

Unity 的 GUI 系统被称为 UnityGUI。UnityGUI 可以创建种类繁多的 GUI，可以快速方便地完成各种功能，但不是创建一个 GUI 对象，而是需要手动定位，即通过编写脚本来实现它们的功能。

下面通过一个简单案例，介绍如何通过脚本实现创建 GUI 控件、实例化、定位、输出等对 UnityGUI 最简要的认识。

案例 6-1

（1）启动 Unity，在菜单栏中执行 File→New Scene 命令，创建一个新场景。再执行 File→Save Scene 命令，保存新场景名称为"GUItext"，即在 Unity 中创建了一个只含有 Main Camera 对象的游戏场景。

（2）在 Unity 菜单栏中执行 Assets→Create→JavaScript 命令，创建一个脚本文件，并重命名为"GUIText1"；在 Project 面板中双击该脚本文件，打开脚本编辑器，输入以下脚本语句：

```
function OnGUI ()
{
    if (GUI.Button (Rect (10,10,150,100),"I am a button"))
    {
        print ("You clicked the button! ");
    }
}
```

（3）按 Ctrl+S 组合键，保存脚本。

（4）在 Project 面板中选择 GUIText1 脚本对象，并将其拖拽到 Hierarchy 面板中的 Main Camera 摄像机对象上，即使脚本对象与场景中游戏对象产生关联。

（5）单击 Unity 工具栏上的 ▶ 运行按钮，测试脚本。如图 6-2 所示，Game 视图中出现了一个标题为"I am a button"的按钮组件，单击该按钮，在 Unity 底部工具栏 Console 控制台面板输出"You clicked the button!"结果。

图 6-2

(6) 脚本正常运行，再次单击 ▶ 按钮，结束游戏。按 Ctrl+S 组合键，保存场景。

6.1.3 UnityGUI Basics 图形用户界面基础

Unity 3D 中通常用 OnGUI( )函数来调用 UnityGUI 控件。OnGUI( )包含在脚本组件中，和同样包含在其中的 Update( )函数一样，当脚本组件被激活时，在游戏项目运行的每一帧中都会被调用。GUI 控件的声明需要包括三种必要的关键信息：

Type (Position, Content)
类型(定位，内容)

- Type 类型

Control Types 控件类型为 GUI 类的函数，用于实现种类繁多的 GUI 的创建，方便用户在 Game 视图中完成各种功能。常见类型有：Label 标签、Button 按钮、RepeatButton 重复按钮、TextField 文本域、TextArea 文本区域、Taggle 开关、Toolbar 工具栏等。

注意：详见 Unity 圣典组件参考手册 http://game.ceeger.com/Components/gui-Controls.html。

- Position 定位

GUI 控件函数的第一个参数用于定位。定位参数由 Rect()函数生成。Rect()定义了 4 个对应屏幕空间像素单位的 Integer 值属性，分别对应左、顶、宽、高。因为 UnityGUI 控件均工作在屏幕空间，所以屏幕空间严格对应播放器的像素分辨率。

屏幕空间坐标系基于左上角，如 Rect(10,20,300,100)定义了一个从坐标(10，20)开始，到坐标(310，120)结束的方形。应该注意的是 Rect 的第二对值是宽和高，而不是控件结束的坐标，即例子中方形覆盖结束的位置是(310，120)而不是(300，100)。

- Content 内容

GUI 控件的第二个参数是在控件中实际显示的内容。如需要在控件中显示一些文字或图片的情况。

案例 6-2

(1) 继续上一小节的操作，打开 GUItext.unity 文件。

(2) 在 Unity 菜单栏中执行 Assets→Create→JavaScript 命令，创建一个新的脚本文件，并重命名为"GUIText2"；在 Project 面板中双击该脚本文件，打开脚本编辑器，输入以下脚本语句：

```
function OnGUI()
{
    GUI.Box (Rect (0,0,100,50),"Top-left");
    GUI.Box (Rect (Screen.width - 100,0,100,50), "Top-right");
    GUI.Box (Rect (0,Screen.height - 50,100,50), "Buttom-left");
    GUI.Box (Rect (Screen.width - 100,Screen.height - 50,100,50), "Buttom-right");
}
```

(3) 按 Ctrl+S 组合键，保存脚本。

(4) 在 Project 面板中选择 GUIText2 脚本对象，并将其拖拽到 Hierarchy 面板中的 Main Camera 摄像机对象上，即使脚本对象与场景中游戏对象产生关联。

(5) 如图 6-3 所示，在 Hierarchy 面板中选择场景中的 Main Camera 摄像机对象，选择

第6章 GUI图形用户界面和菜单

其在Inspector面板中的GUIText1 (Script)脚本组件，取消对该组件的勾选，使GUIText1失去作用；或者在该组件上单击鼠标右键，在弹出的右键菜单中执行Remove Component命令，移除其在该脚本中的组件。

（6）单击Game视图控制栏上的"Maximize on Play"按钮，然后再单击Unity工具栏上的▶运行按钮，测试脚本。如图6-4所示，发布空间Game视图的四个角落出现了四个标题分别为"Top-left"、"Top-right"、"Buttom-left"、"Buttom -right"的按钮组件，并且大小一致。

图6-3

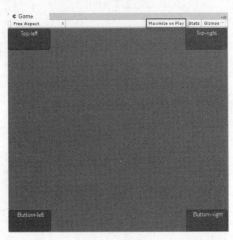

图6-4

（7）脚本正常运行，再次单击▶按钮，结束游戏。按Ctrl+S组合键，保存场景。
注意：Unity 3D中使用Screen.width和Screen.height属性获取播放器中屏幕空间的大小。

▶▶▶6.2 添加GUI到游戏中

除上节所述，可以使用GUI类在Unity 3D中创建各种GUI控件类型，也可以选择使用GUI Text和GUI Texture对象在游戏场景中创建任意界面内容和文字效果的控件类型。

案例6-3

（1）打开光盘中的"\第6章\6.2\案例6-3\练习素材\Test"工程项目。

（2）在Project面板中单击鼠标右键，如图6-5所示，执行Create→Folder命令，在该面板中创建一个新文件夹，并重命名为"GUI"。

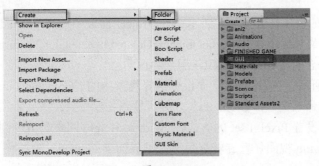

图6-5

(3) 打开光盘中"\第6章\6.2\案例6-3\练习素材\GUI"文件夹，将文件夹中的 GrenadeCountGUI.png 文件拖拽到 GUI 文件夹中，如图 6-6 所示，在 project 面板选择该贴图文件，在其 Inspector 面板可以查看到贴图文件的相关参数。

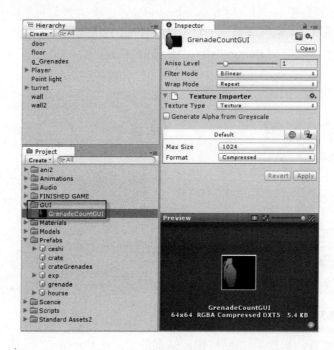

图 6-6

(4) 如图 6-7 所示，在 GrenadeCountGUI.png 贴图文件 Inspector 面板下的 Preview 区域中单击■按钮，可以查看到该透明贴图的通道信息。

图 6-7

(5) 继续上面的操作，如图 6-8 所示，在 Project 面板中选择 GrenadeCountGUI 贴图文件，并在 Unity 的菜单栏中执行 GameObject→Create Other→GUI Texture 命令，便在 Scene 面板中创建了一个含有贴图信息的 GUI 用户界面。

(6) 如图 6-9 所示，在 Hierarchy 面板中选择场景中的"GrenadeCountGUI"对象，在其 Inspector 面板中重命名为"g_Grenades"，并设置该 GUI 的 X、Y、Z 三维坐标 Position 分别为 0.1、0.9、0；设置 Pixel Inset 的 X、Y、Width、Height 四维数值分别为-64、-32、116、64。在 Unity 的 Game 视图任意旋转视角，二维界面 g_Grenades 在视图中的显示位置始终保持不变。

第 6 章 GUI 图形用户界面和菜单

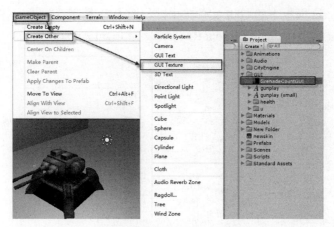

图 6-8

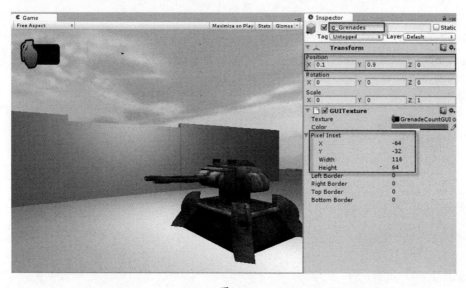

图 6-9

注意：在 Unity 中，使 GUI 在 Game 视图中可见，应控制 X、Y 坐标值范围在 0~1 之间。

（7）在 Game 视图中单击 "Free Aspect" 右侧的 ◆ 下拉按钮，如图 6-10 所示，在下拉菜单中选择不同的 Game 视图显示模式，则 g_Grenades 用户界面在该视图中显示的位置，也会因 Game 视图长宽比的改变而略微改变。

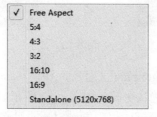

图 6-10

(8) 选择光盘"\第 6 章\6.2\案例 6-3\练习素材\GUI"文件夹下的"gunplay.ttf"文件，并将其拖拽到 Project 面板下的 GUI 文件夹中，如图 6-11 所示，在该字体的 Inspector 面板中，设置其 Character 为 Unicode，Font Rendering 为 Light Antialiasing。

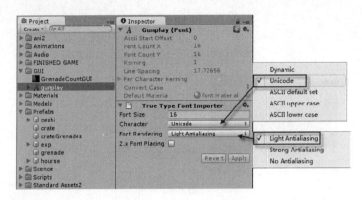

图 6-11

(9) 继续上面的操作，在 Project 面板中展开 gunplay 字体文件，分别选择该文件下的 font material 与 font Texture 子对象，如图 6-12 所示，在 Inspector 面板中可以查看到它们的文件属性并可进行修改。

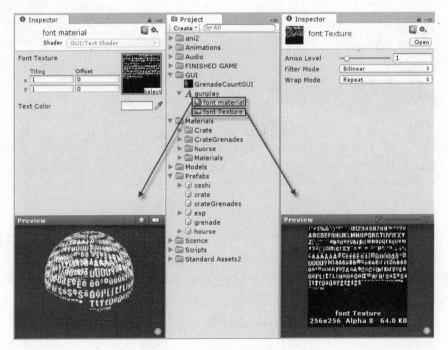

图 6-12

(10) 在 Project 面板中选择 gunplay 父对象，并在其 Inspector 面板中设置 Font Size 数值为 20，单击"Apply"按钮，确认更改，如图 6-13 所示。当再次选择 font material 与 font Texture 子对象时，可以在 Inspector 面板中看到材质与贴图文件得到了充分利用。

第6章 GUI 图形用户界面和菜单

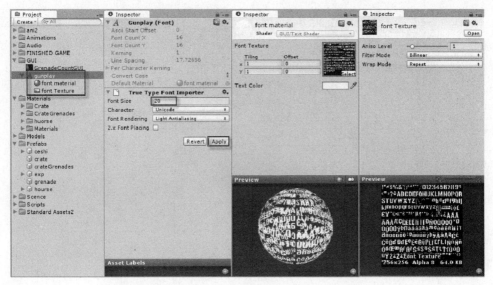

图 6-13

(11) 如图 6-14 所示，在 Project 面板中选择 gunplay 文字对象，在 Unity 面板中执行 GameObject→Create Other→GUI Text 命令，即在场景中创建一个 GUI 字体对象。

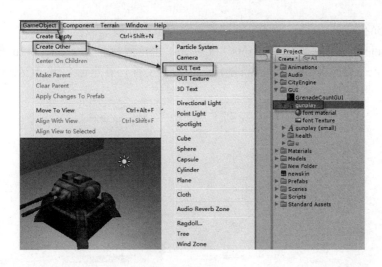

图 6-14

(12) 在 Project 面板中选择新创建的 GUI Text 文字对象，在其 Inspector 面板中重命名为"g_Count"，并设置其 X、Y、Z 三维坐标 Position 数值分别为 0.105、0.915、1，设置其 Text 数值为 25，如图 6-15 所示，g_Count 文字对象显示在 g_Grenades 界面对象的前侧。

注意：g_Count 的 X、Y 轴的具体数值会因计算机显示器不同略有改变；另为防止出现 GUI 文字与界面图片重合的现象，应使 GUI Text 的 Position 在 Z 轴的数值大于 GUI Texture 在 Z 轴的数值。

(13) 按 Ctrl+S 组合键，保存场景。

Unity 游戏开发技术

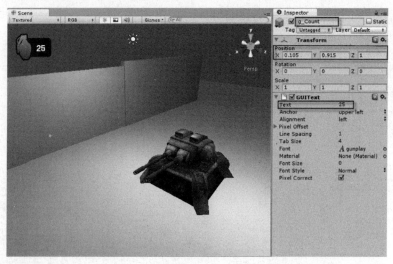

图 6-15

▷▷6.3　GUI 脚本编写

案例 6-4

(1) 打开光盘中的 "\第 6 章\6.3\案例 6-4\练习素材\Test" 工程项目。

(2) 在 Project 面板中选择 "Scripts" 文件夹，单击鼠标右键，如图 6-16 所示，在该面板中执行 Create→JavaScript 命令，新创建一个脚本文件，并重命名为 "Count"。

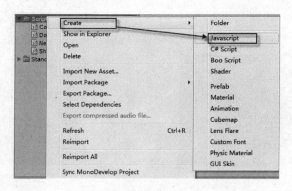

图 6-16

(3) 在 Project 面板中选择 Count 脚本对象，双击该对象，打开脚本编辑器，在编辑器中输入脚本语句如下：

```
function Awake()
{
    guiText.text = " "+0;
}
```

(4) 按 Ctrl+S 组合键，保存脚本。

(5) 在 Project 面板中选择 Count 脚本对象,如图 6-17 所示,将其拖拽到 Hierarchy 面板中的 g_Count 文字对象上,即将脚本对象与 GUI Text 对象关联起来。

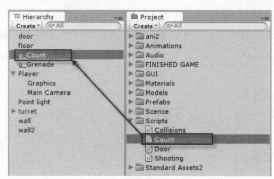

图 6-17

(6) 单击 Unity 工具栏上的▶运行按钮,测试脚本。如图 6-18 所示,在 Game 视图中,g_Count 文字对象显示数值为 0,脚本运行正常。再次单击▶按钮,结束游戏。

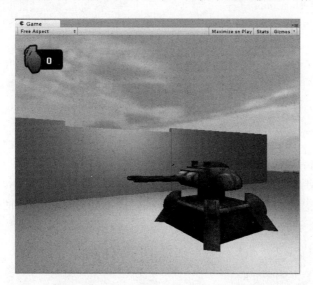

图 6-18

(7) 在 Project 面板中展开 Scripts 文件夹,双击该文件夹下的"Collisions"脚本对象,打开脚本编辑器,修改该脚本对象如下:

```
static var GRENADE_AMMO = 0;
function OnControllerColliderHit (hit : ControllerColliderHit )
{
        if(hit.gameObject.tag == "CrateGrenades" )
    {
      //destory the ammo box
       Destroy (hit.gameObject);
```

```
            //add ammo to inventory
            GRENADE_AMMO +=8;
            print("YOU NOW HAVE "+ GRENADE_AMMO +" GRENADES");
            GameObject.Find("g_Count").guiText.text = ""+GRENADE_AMMO;
        }
    }
    var rayCastLength = 5;
    function Update()
    {
      var hit: RaycastHit;

      //check if we are collidering
      if(Physics.Raycast(transform.position, transform.forward, hit, rayCastLength))
        {
          //...with a door
          if(hit.collider.gameObject.tag =="Door")
          {
              //open the door
              hit.collider.gameObject.animation.Play("Door-open");
          }
        }
    }
```

(8) 按 Ctrl+S 组合键，保存修改的脚本。

(9) 单击 Unity 工具栏上的 ▶ 运行按钮，测试脚本。如图 6-19 所示，在 Game 视图中，控制 Player 玩家(摄像机)对象场景中拾取 door 门后的 crateGrenades 手榴弹装备箱，每拾取

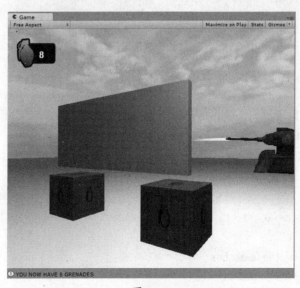

图 6-19

一个装备箱 g_Count 文字对象显示数值就增加 8 个单位；当把场景中三个 crateGrenades 手榴弹装备箱全部拾取完毕时，则 g_Count 文字对象显示数值 24。

(10) 再次单击▶按钮，结束游戏。

(11) 按 Ctrl+S 组合键，保存场景。

▶▶▶6.4 生命系统（一）

6.4.1 添加生命值 GUI

案例 6-5

(1) 打开光盘中的"\第 6 章\6.4\案例 6-5\练习素材\Test"工程项目。

(2) 选择 Project 面板中的 GUI 文件夹，执行 Create→Folder 命令，即在该文件夹下创建一个新的文件夹，并重命名为"Health"。

(3) 打开光盘中的"\第 6 章\6.4\案例 6-5\练习素材\Health"文件夹，将该文件夹下的"h00.png～h80.png"9 个渐变贴图文件拖拽到新建的 health 文件夹中，如图 6-20 所示。

(4) 继续上面的操作，选择 Project 面板中的"h80"贴图文件，并在 Unity 菜单栏中执行 GameObject→Create Other→GUI Texture 命令，即在场景中创建一个 GUI 界面。

(5) 在 Hierarchy 面板选择场景中的 h80 界面对象，如图 6-21 所示，并在其 Inspector 面板中重命名为"g_Health"并设置其 Position 三维数值为 0.85、0.9、0。

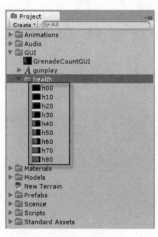

图 6-20

图 6-21

(6) 单击 Unity 工具栏上的▶播放按钮，使用 W、S、A、D 快捷键与鼠标工具，改变玩家(Player 或 Camera)在场景中的位置和观测方向，检查 g_Count 与 g_Grenades 的位置关系是否正确，两者是否始终位于 Game 视图左上方；检查"g_Health"是否位于 Game 视图的右上方。

(7) 再次单击▶播放按钮，结束游戏。

(8) 按 Ctrl+S 组合键，保存场景。

6.4.2 生命值脚本编写

案例 6-6

(1) 继续上一小节的操作。在 Project 面板中选择 Scripts 文件夹，单击鼠标右键，执行 Creat→Javascript 命令，在该文件夹下创建一个新的脚本对象，并重命名为"Player"。

(2) 双击新建的 Player 脚本对象，打开脚本编辑器，并输入以下脚本语句：

```javascript
var h00 : Texture2D;
var h10 : Texture2D;
var h20 : Texture2D;
var h30 : Texture2D;
var h40 : Texture2D;
var h50 : Texture2D;
var h60 : Texture2D;
var h70 : Texture2D;
var h80 : Texture2D;
static var HEALTH = 80;
function Update()
{
  var g_Health = gameObject.Find("g_Health");

  if(HEALTH > 70)
  {
      g_Health.guiTexture.texture = h80;
      return;
  }
  else if (HEALTH > 60)
  {
      g_Health.guiTexture.texture = h70;
      return;
  }
  else if (HEALTH > 50)
  {
      g_Health.guiTexture.texture = h60;
      return;
  }
  else if (HEALTH > 40)
  {
      g_Health.guiTexture.texture = h50;
      return;
```

```
    }
    else if (HEALTH > 30)
    {
        g_Health.guiTexture.texture = h40;
        return;
    }
    else if (HEALTH > 20)
    {
        g_Health.guiTexture.texture = h30;
        return;
    }
    else if (HEALTH > 10)
    {
        g_Health.guiTexture.texture = h20;
        return;
    }
    else if (HEALTH > 5)
    {
        g_Health.guiTexture.texture = h10;
        return;
    }
    else if (HEALTH <= 0)
    {
        g_Health.guiTexture.texture = h00;
        return;
    }
}
InvokeRepeating("subtract", 2, 0.5);
function subtract()
{
HEALTH -= 1;
print("health is now: "+ HEALTH);
}
```

(3) 按 Ctrl+S 组合键，保存脚本。

(4) 选择 Project 面板 Scripts 文件夹下的 Player 脚本对象，并将其拖拽到 Hierarchy 面板中的 Player 玩家(摄像机)对象上，使两者产生关联。

(5) 在 Hierarchy 面板中选择 Player 游戏对象，查看其在 Inspector 面板 Player 卷展栏下的脚本属性，卷展栏中 H00~H80 贴图对象需要进行指定；如图 6-22 所示，将 Project 面板 Health 文件夹下的 h00~h80 贴图对象分别拖拽到 Inspector 面板 Player 卷展栏下 H00~H80 对象中。

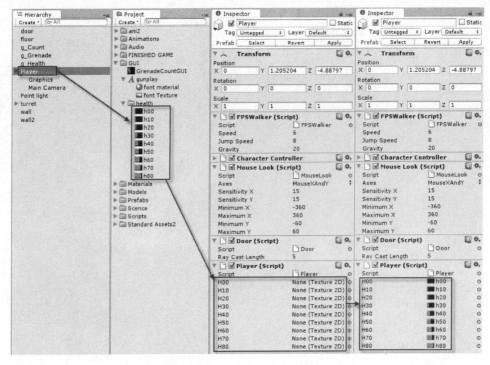

图 6-22

(6) 单击 Unity 工具栏上的 ▶ 运行按钮，测试脚本。Game 视图在运行 2 秒钟后，Unity 底部的 Console 控制台输出区域显示"health is now:26"，同时视图中的 g_Health 界面对象显示 h26 贴图对象的效果；随着时间的推移，health 数值每 0.5 秒递减 1 个数值，并当 health 数值每递减 10 个单位数值时，g_Health 显示的贴图对象也会随之替换，如图 6-23 所示，即游戏场景中的蓝色生命值呈现随时间递减的趋势。

图 6-23

(7) 脚本运行正常，再次单击▶按钮，结束游戏。

(8) 按 Ctrl+S 组合键，保存场景。

6.5　3D 主菜单

6.5.1　添加一个 3D 主菜单

案例 6-7

(1) 打开光盘中的"\第 6 章\6.5\案例 6-7\练习素材\Test"工程项目。

(2) 在 Project 面板中选择 Scene 文件夹，并在 Unity 菜单栏中执行 File→New Scene 命令，创建一个新场景；再执行 File→Save Scene 命令，如图 6-24 所示，在弹出的 Save Scene 对话框中选择工程目录中的 Scene 文件夹，单击"打开"按钮，将新命名的"Main Menu"场景文件保存在该文件夹下。

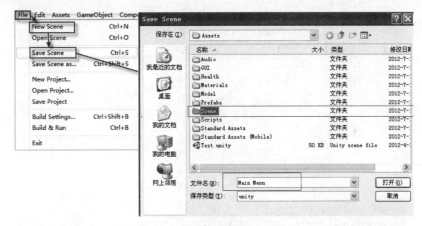

图 6-24

(3) 在 Project 面板中展开 Scene 文件夹，如图 6-25 所示，检查新场景 Main Menu 文件是否成功创建在该文件夹下。

(4) 继续上面的操作，在 Unity 菜单栏中执行 GameObject→Create Other→Cube 命令，即在游戏场景中创建一个立方体对象。

(5) 在 Hierarchy 面板中选择场景中的 Cube 立方体对象，如图 6-26 所示，在其 Inspector 面板中重命名为"floor"，并在该面板中设置其 X、Y、Z 的 Position 三维坐标分别为 0、0、0，Scale 三维缩放数值分别为 20、1、30。

(6) 再次执行 GameObject→Create Other→Cube 命令，在场景中创建另一个立方体对象，并重命名为"wall"，如图 6-27 所示，在其 Inspector 面板中设置 Position 三维数值为 0、5、0，Scale 的三维数值分别为 20、10、1。

(7) 在 Hierarchy 面板中选择 Main Camera 摄像机对象，在 Scene 视图中调节摄像机的视角与位置，如图 6-28 所示，在 Main Camera 的 Inspector 面板中设置其 Position 三维数值为 6.5、3.8、11.7，Rotation 的三维数值分别为 0、-159、0，即在 Game 视图中可以查看到场景中的 Wall 游戏对象。

图 6-25

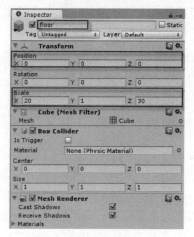

图 6-26

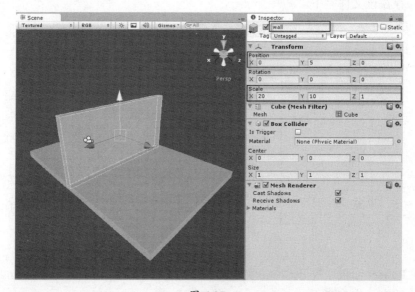

图 6-27

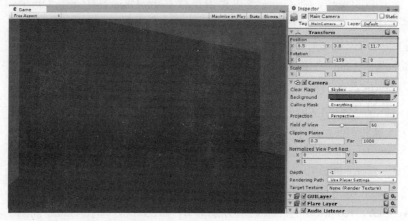

图 6-28

注意：Main Camera 摄像机对象的 Position 与 Rotation 数值可因视角不同略有浮动。

（8）继续上面的操作，在 Unity 的菜单栏中执行 GameObject→Create Other→ Point Light 命令，在场景中创建一个灯光对象，如图 6-29 所示，在其 Inspector 面板中设置 Position 三维数值为 0.6、4.3、4.5。

图 6-29

（9）在 Unity 的菜单栏中执行 GameObject→Create Other→3D Text 命令，如图 6-30 所示，在游戏场景中创建一个三维字体，观察可知，新创建的字体是反向的，下面将对其方向和位置进行调节。

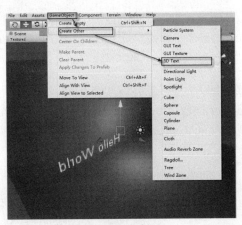

图 6-30

（10）在 Hierarchy 面板中选择 New Text 字体对象，如图 6-31 所示，在其 Inspector 面板中设置 Position 三维数值为 4、7、0.7，Rotation 的三维数值分别为 0、-170、0，并重命名为"t_NewGame"。

（11）继续上面的操作，如图 6-32 所示，在 Hierarchy 面板中选择 New Text 字体对象，修改其在 Inspector 面板 Text Mesh 卷展栏下 Text 内容为"Play Game"，并将 Project 面板中的 gunplay 字体对象拖拽到 Text Mesh 卷展栏下 Font 右侧的字体选择框中，再将 gunplay 字体下的 font material 材质球拖拽到 Inspector 面板 Mesh Renderer 卷展栏下的 Element 0 右侧选择框中。

图 6-31

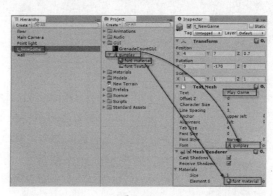

图 6-32

(12) 下面要对字体显示的大小进行修改,如图 6-33 所示,在 Project 面板中选择 gunplay 字体对象,并设置其 Inspector 面板 True Type Font Importer 卷展栏下的 Font Size 为 60,Character 为 Unicode 类型,Font Rendering 为 Light Antialiasing 类型,最后单击"Apply" 按钮,确定对字体的修改。

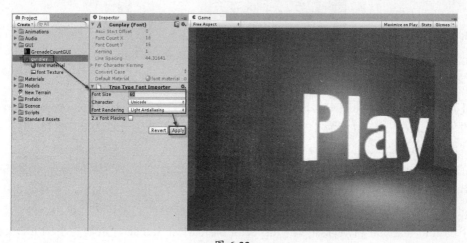

图 6-33

(13) 继续上面的操作，如图 6-34 所示，在 Hierarchy 面板中选择游戏场景中的 t_NewGame 字体对象，修改其在 Inspector 面板 Text Mesh 卷展栏下的 Character Size 数值为 0.2，即"Play Game"以合适的大小显示在 Game 视图中。

图 6-34

(14) 选择场景中的 t_NewGame 文字对象，如图 6-35 所示，在 Unity 菜单栏中执行 Component→Physics→Box Collider 命令，即对该字体对象添加了碰撞的物理属性。

图 6-35

(15) 继续选择 t_NewGame 游戏对象，在 Unity 菜单栏中执行 Edit→Duplicate 命令，即在游戏场景中复制一个 t_NewGame 文字对象。

(16) 在 Hierarchy 面板中选择场景中复制的 t_NewGame 文字对象，如图 6-36 所示，在其 Inspector 面板中将其重命名为"t_Quit"，并设置其 Position 三维数值为 4、5.5、0.7，修改 Text Mesh 卷展栏下 Text 内容为"Quit"。

图 6-36

(17) 在 Hierarchy 面板中选择游戏场景中的 Main Camera 相机对象,如图 6-37 所示,重新设置其 Position 三维数值为 4、6、8,即调整场景中两个文字对象在 Game 视图中的显示角度。

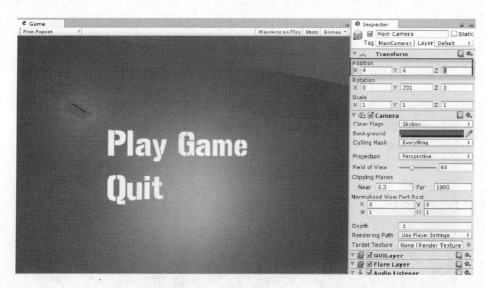

图 6-37

(18) 按 Ctrl+S 组合键,保存场景。

6.5.2　3D 主菜单脚本编写

案例 6-8

(1) 启动 Unity,继续上一小节的操作。

(2) 在 Unity 菜单栏中执行 File→Build Settings 命令,弹出 "Build Settings" 对话框,如图 6-38 所示,将 Project 面板 Scence 文件夹下的 Main Menu 与 Level 场景对象先后拖拽到该对话框 Scenes In Build 的区域内,关闭 Build Settings 对话框。

第6章　GUI 图形用户界面和菜单

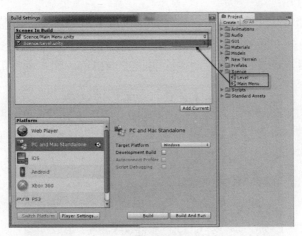

图 6-38

注意：Scenes In Build 区域内，场景文件的排序是可以通过鼠标拖拽的方式进行调节的，文件后的 0、1 等序号可以脚本方式进行调用。

（3）在 Project 面板中选择 Scripts 文件夹，单击鼠标右键，执行 Create→Javascript 命令，在该文件夹下创建一个新脚本文件，并重命名为"MenuItem"。

（4）双击 Scripts 文件夹下新建的 MenuItem 脚本对象，打开脚本编辑器，在弹出的编辑面板中输入以下脚本：

```
function OnMouseEnter ()
{
    renderer.material.color = Color.red;
}
function OnMouseExit ()
{
    renderer.material.color = Color.white;
}
```

（5）按 Ctrl+S 组合键，保存脚本，关闭脚本编辑器。

（6）继续上面的操作，在 Project 面板中选择 MenuItem 脚本对象，并将其分别拖拽到 Hierarchy 面板中的 t_NewGame、t_Quit 文字对象上，如图 6-39 所示，即脚本文件与场景中的文字对象产生了关联。

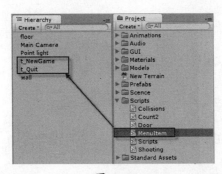

图 6-39

151

(7) 单击 Unity 工具栏上的 ▶ 运行按钮，测试脚本运行结果。如图 6-40 所示，当鼠标放置在 Game 视图中的 Play Game 或 Quit 文字对象上时，文字对象会变成红色显示；而当鼠标滑过文字对象后，场景中的文字对象会再次变成白色，脚本运行正常。

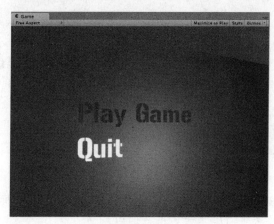

图 6-40

注意：t_NewGame 与 t_Quit 文字对象在 Scene 场景中应位于一个垂直面上，并应该位于 Wall 游戏对象的前侧(更接近于摄像机)，否则在 Game 视图中将无法选择。

(8) 再次单击 ▶ 按钮，结束脚本测试，下面将对脚本文件继续进行编辑。

(9) 双击 Scripts 文件夹下 MenuItem 脚本对象，打开脚本编辑器，在弹出的编辑面板中修改脚本如下：

```
var isQuitBtn = false;
function OnMouseEnter ()
{
    renderer.material.color = Color.red;
}
function OnMouseExit ()
{
    renderer.material.color = Color.white;
}
function OnMouseUp ()
{
    if(isQuitBtn)
    {
        Application.Quit();
    }
    else
    {
        Application.LoadLevel(1);
    }
}
```

(10) 按 Ctrl+S 组合键,保存脚本,关闭脚本编辑器。

(11) 单击 Unity 工具栏上的运行按钮,测试脚本。当单击 Game 视图中的 Play Game 文字对象时,游戏场景切换到了序号为 1 的 Level 游戏场景中,脚本运行正确。

(12) 再次单击 ▶ 按钮,结束游戏运行。

(13) 按 Ctrl+S 组合键,保存场景。

▷▷6.6 炮塔

6.6.1 炮塔的准备和清理

案例 6-9

(1) 打开光盘中的"\第 6 章\6.6\案例 6-9\练习素材\Test"工程项目。

(2) 单击 Unity 工具栏上的 ▶ 按钮,运行场景中的游戏。如图 6-41 所示,在控制的 Player 玩家(摄像机)对象拾取场景中的三个 crateGrenades 立方体对象后,Game 视图 g_Count 显示出手榴弹总数量为 24,通过单击鼠标左键投掷手榴弹,但窗口中 g_Count 弹药数值却始终保持 24 不变。

图 6-41

(3) 再次单击 ▶ 按钮,停止游戏测试。由上述步骤(2)测试可知,需要对 Game 视图中 "g_Count"数值的显示大小进行修改,并使之与手榴弹投掷动作建立关联,使数值真实反映剩余手榴弹的数量。下面将对游戏中出现的 Bug 进行修改和完善。

(4) 选择 Project 面板 GUI 文件夹下"gunplay"字体对象,并在 Unity 菜单栏中执行 Edit →Duplicate 命令,复制该文字对象,并重命名为"gunplay (small)"。

(5) 继续上面的操作,在 Hierarchy 面板中选择"g_Count"GUI 文字对象,如图 6-42 所示,将 Project 面板中的"gunplay (small)"字体对象拖拽到"g_Count"对象的 Inspector 面板 GUIText 卷展栏下 Font 右侧的字体设置选项中。

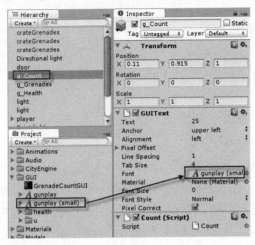

图 6-42

(6) 再次选择 Project 面板中的"gunplay (small)"字体对象,如图 6-43 所示,在其 Inspector 面板中设置 Font Size 大小为 20,并单击"Apply"按钮,确认对场景中字体对象显示大小的更改。

(7) 在 Unity 菜单栏中执行 File→Save Scene 命令,保存场景。展开 Project 面板中的 Scenes 文件夹,双击"MainMenu"场景文件前的 Unity 图标,即可以在 Scene 视图中打开该场景文件。

(8) Unity 菜单栏中执行 File→Build Settings 命令,弹出 Build Settings 对话框,如图 6-44 所示,确认"MainMenu.unity"与"Test.unity"场景文件在 Scenes In Build 面板中,并且场景编号分别为 0、1。关闭 Build Settings 对话框。

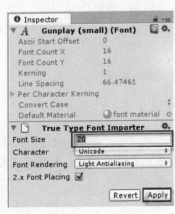

图 6-43

图 6-44

(9) 单击 Unity 工具栏上的 ▶ 运行按钮，运行场景游戏，单击场景中的"Play Game" GUI 字体对象，如图 6-45 所示，Game 视图切换到 Test 场景中。场景中 g_Count 字体大小显示正常。

图 6-45

(10) 再次单击 ▶ 运行按钮，停止游戏测试。展开 Project 面板中的 Scenes 文件夹，双击"Test"场景文件前的 ◁Unity 图标，在 Scene 视图中打开该场景文件。

(11) 展开 Project 面板中的 Scripts 文件夹，分别双击该文件夹下的"Collisions"、"Shoot"、"GrenadeScript"三个脚本文件，打开选择的脚本对象。为使"g_Count" GUI 文字对象显示数值与手榴弹数值保持一致，需要进行如下脚本修改。

(12) 复制"Collisions"脚本文件中的如下语句：

GameObject.Find("g_Count").guiText.text = ""+GRENADE_AMMO;

到"Shooting"脚本文件中，语句位置如图 6-46 所示，并修改该脚本语句如下：

GameObject.Find("g_Count").guiText.text = ""+Collisions. GRENADE_AMMO;

```
var speed = 3.0;
var grenadePrefab:Transform;

function Update ()
{
    //find out if a fire button is pressed
    if(Input.GetButtonDown("Fire1"))
    {
        if(Collisions.GRENADE_AMMO > 0)
        {
            //create the prefab
            var grenade = Instantiate(grenadePrefab, transform.position, Quaternion.identity);

            //add force to the prefab
            grenade.rigidbody.AddForce(transform.forward * 2000);

            Collisions.GRENADE_AMMO --;
            GameObject.Find("g_Count").guiText.text = ""+Collisions.GRENADE_AMMO;
            print("YOU NOW HAVE "+ Collisions.GRENADE_AMMO +" GRENADES");
        }
    }
}
```

图 6-46

(13) 按 Ctrl+S 组合键，保存对"Shooting"脚本对象的修改。

(14) 单击▶运行按钮，测试场景游戏。控制的 player 玩家游戏对象拾取场景中的三个 crateGrenades 立方体对象后，Game 视图 g_Count 显示出手榴弹总数量为 24。如图 6-47 所示，当单击鼠标左键进行手榴弹投掷行为后，窗口中弹药数值也随之递减，即脚本运行正常。

图 6-47

(15) 再次单击▶运行按钮，停止游戏。

(16) 在 Hierarchy 面板选择"turret"炮塔对象，如图 6-48 所示，场景中该炮塔对象的炮筒朝向即物体正面与该游戏对象的 Z 轴(蓝色坐标轴)不一致，这会导致后期脚本控制的

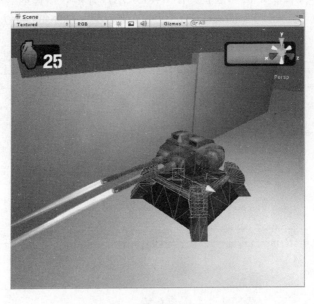

图 6-48

炮塔火力作用域与实际炮筒朝向不一致。即需要对场景中"turret"炮塔对象进行清除，并重新导入坐标轴正确的游戏对象。

注意：物体坐标轴可以在 3ds Max、Maya 等建模软件中进行修改。

（17）打开光盘"\第 6 章\6.6\案例 6-9\练习素材\Turret2"文件夹，将该文件夹中的"turret2.fbx"模型对象拖拽到 Unity 的 Project 面板 Model 文件夹中。

（18）在 Project 面板中选择"turret2"模型对象，如图 6-49 所示，在其 Inspector 面板中，设置其 Scale Factor 数值为 0.1 并勾选 Generate Colliders 碰撞属性，最后单击"Apply"按钮，确定对模型对象的修改。

图 6-49

（19）继续上面的操作，将 Project 面板中的"turret2"模型对象拖拽到 Scene 视图中；在 Hierarchy 面板选择场景中的"turret2"模型对象，如图 6-50 所示，在其 Inspector 面板中修改其 Scale 三维数值为 1、1、1，使之与原有"turret"对象大小一致，并调节其在 Scene 视图中的位置。

图 6-50

(20) 如图6-51所示，在Hierarchy面板中展开"turret"、"turret2"游戏对象的各个层级，将"turret"最末子层级下的"p_BarrelLeft"、"p_BarrelRight"分别拖拽到"turret2"下的"turret_l_barrel"、"turret_r_barrel"子对象层级下，这样场景中的火焰粒子对象就成为新导入"turret2"炮塔对象的子对象。

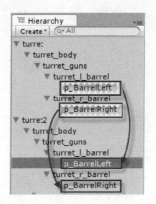

图 6-51

(21) 继续上面的操作，使用 ✥ 移动、 ↻ 旋转工具，如图6-52所示，在Scene中将"turret"对象上的"p_BarrelLeft"、"p_BarrelRight"火焰粒子对象移动到"turret2"的炮管对象前。

图 6-52

(22) 在 Hierarchy 面板中选择场景中的"turret"游戏对象，在 Unity 菜单栏中执行 Edit→Delete 命令，删除多余的炮塔对象。

(23) 选择场景中的"turret2"游戏对象，如图 6-53 所示，该模型对象的 Z 坐标轴与炮塔炮管方向一致，火焰粒子位置正确。在 Unity 菜单栏中执行 file→Save Scene 命令，保存场景。

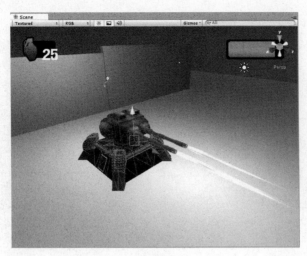

图 6-53

6.6.2 炮塔对玩家实现跟随性目标注视

本节通过制作"TurretControl"脚本对象,并将其添加到场景中"turret2"游戏对象的"turret_body"子模型对象上,再通过在 Inspector 面板中对"LookAtTarget"目标的指定,实现炮塔主体模型部分对场景中"player"玩家对象的跟随性目标注视。

案例 6-10

(1) 启动 Unity,继续上一小节的操作。

(2) 在 Project 面板中选择 Scripts 文件夹,单击鼠标右键执行 Create->Javascript 命令,新建一个脚本文件,并重命名为"TurretControl"。

(3) 双击"TurretControl"脚本对象,打开脚本编辑器,输入如下脚本语句:

```
var LookAtTarget : Transform;
function Update ()
{
    transform.LookAt(LookAtTarget);
}
```

(4) 按 Ctrl+S 组合键,保存脚本。

(5) 如图 6-54 所示,选择"TurretControl"脚本对象,并将其拖拽到 Hierarchy 面板中"turret2"游戏对象的"turret_body"子模型对象上,使脚本对象与炮塔主体的部分模型对象产生关联。

(6) 查看 Hierarchy 面板中"turret2"炮塔对象的"turret_body"子对象在 Inspector 面板中的 TurretControl(Script)卷展栏下的脚本属性,如图 6-55 所示,将 Hierarchy 面板中的"player"游戏对象拖拽到该脚本卷展栏下"Look At Target"右侧的目标对象上。

(7) 单击 ▶ 运行按钮,测试场景游戏。如图 6-56 所示,在 Game 视图中,当"player"玩家对象出现在"turret2"炮塔对象可视范围内时,炮塔对象的"turret_body"主体模型部分会跟随"player"对象的左右移动而旋转;脚本运行正常。

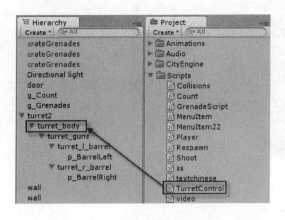
图 6-54

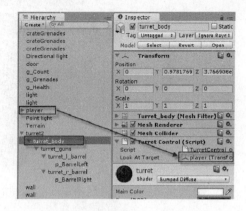
图 6-55

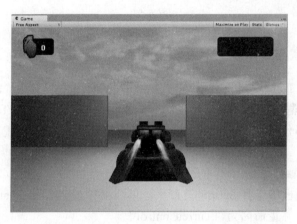
图 6-56

(8) 再次单击▶按钮，结束游戏。
(9) 按 Ctrl+S 组合键，保存场景文件。

练 习 题

1．制作一个游戏启动主菜单，按钮分别是"Start"、"About"、"Quit"。单击"Start"进入游戏；单击"About"弹出关于游戏的版本及描述游戏介绍的窗口；单击"Quit"弹出是否退出的对话框，若选择"是"就退出，否则返回主菜单。

2．当 Player 玩家扔手榴弹时，若手榴弹的数量为 0，发出"不足"报警，并在场景的右上角弹出 GUITexture 框——"手榴弹不足(We have no enough grenades)"。

3．根据案例 6-5，编写一个"倒计时"程序，添加两个 GUI，上面的 GUI 当作"分"，下面的 GUI 当作"秒"。当秒"GUI"为 0 时，分"GUI"减去 1。若两个 GUI 都为 0 时，弹出一个 3DText——"时间到了"。

第6章 GUI 图形用户界面和菜单

读书笔记：

第 7 章 人工智能与生命系统

本章通过在一个新建的 Cube 立方体对象上添加 TurretControl 脚本对象，使两者产生关联，并通过对脚本对象的逐步修改和完善，实现使用 Cube 对象模拟简单 AI 人工智能的功能，为后期"turret2"炮塔对象的 AI 人工智能做准备。

▷▷7.1 AI 人工智能

案例 7-1

(1) 打开光盘中的"\第 7 章\7.1\案例 7-1\练习素材\Test"工程项目。

(2) 在 Unity 菜单栏中执行 GameObject→Create Other→Cube 命令，在场景中创建一个 Cube 立方体对象。

(3) 在 Hierarchy 面板中旋转 Cube 立方体对象，并在其 Inspector 面板中修改其 Scale 三维数值为 5、5、5，即同比放大 5 倍，并在 Scene 视图中使用 ✥ 移动工具，使之靠近"Wall"对象一侧放置。

(4) 再次执行 GameObject→Create Other→Cube 命令，在场景中创建第二个 Cube 立方体对象。如图 7-1 所示，使用移动工具使其放置于第一个创建的 Cube 对象旁边，并重命名

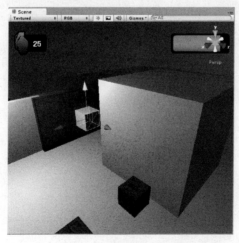

图 7-1

为"tempTurret"。

(5) 在 Hierarchy 面板中选择"turret2"炮塔对象的"turret_body"模型子对象,如图 7-2 所示,取消对其"TurretControl(Script)"脚本组件属性的勾选,即暂时取消了模型对象与脚本文件之间关联。

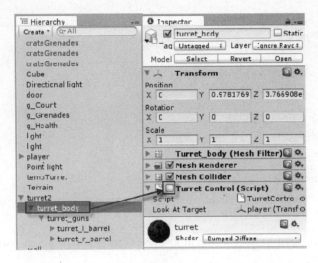

图 7-2

注意:通过在 Inspector 面板中单击鼠标右键,在弹出的菜单中选择"Remove Component"选项,可以直接删除模型的脚本属性。

(6) 继续上面的操作,选择 Project 面板中的 TurretControl 脚本对象,并将其拖拽到 "tempTurret"立方体对象上,使脚本对象与模型对象产生关联。

(7) 在 Hierarchy 面板中选择"tempTurret"立方体对象,如图 7-3 所示,并将"player" 游戏对象拖拽到其 Inspector 面板"TurretControl(Script)"卷展栏下"Look At Target"右侧的目标对象上。

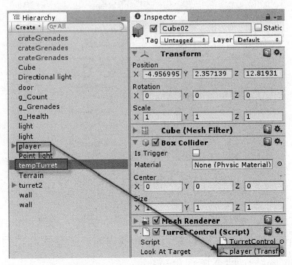

图 7-3

(8) 双击 Project 面板 Scrips 文件夹下的"TurretControl"脚本对象,打开脚本编辑器,修改脚本语句如下:
```
var target : Transform;
function Awake()
{
    if(!target)
    {
        target = GameObject.FindWithTag("Player").transform;
    }
}
function Update ()
{
        //transform.LookAt(target);
        var targetRotation = Quaternion.LookRotation(target.position - transform.position, Vector3.up);
        transform.rotation = Quaternion.Slerp(transform.rotation, targetRotation, Time.deltaTime * 1.2);
}
```
(9) 按 Ctrl+S 组合键,保存脚本。

(10) 在 Hierarchy 面板中选择"Player"摄像机对象,如图 7-4 所示,单击其 Inspector 面板"Tag"右侧的 按钮,在弹出的下拉菜单中选择"Player"游戏对象。按 Ctrl+S 组合键,保存场景。

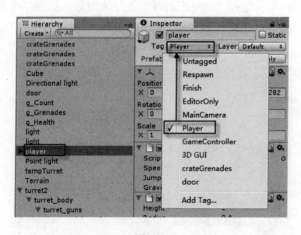

图 7-4

(11) 单击 ▶ 运行按钮,测试场景游戏。如图 7-5 所示,在 Game 视图中,当"player"玩家对象出现在"tempTurret"立方体对象可视范围内时,立方体对象目标性地跟随"player"对象上下左右的移动而旋转;脚本运行正常。

(12) 再次单击 ▶ 按钮,结束游戏。

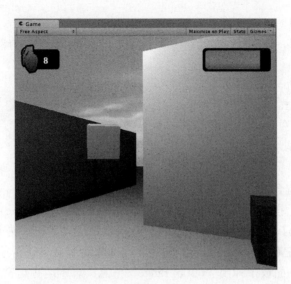

图 7-5

(13) 继续上面的操作,下面将通过修改脚本,添加目标注视的有效范围。即当"player"玩家位于"tempTurret"立方体对象有效的区域范围之内时,立方体对象才会跟随"player"对象的上下左右移动而旋转。

(14) 双击 Project 面板 Scrips 文件夹下的"TurretControl"脚本对象,打开脚本编辑器,修改脚本语句如下:

```
var target : Transform;
var range = 10.0;
function Awake()
{
    target = GameObject.FindWithTag("Player").transform;
}
function Update ()
{
  if(target && CanAttackTarget())
    {
        //transform.LookAt(target);
        var targetRotation = Quaternion.LookRotation(target.position - transform.position, Vector3.up);
        transform.rotation = Quaternion.Slerp(transform.rotation, targetRotation, Time.deltaTime * 1.2);
    }
}
function CanAttackTarget()
{
```

```
    //Check if the target is close enough
    if(Vector3.Distance(transform.position, target.position) > range)
    {
        print("out of range");
        return false;
    }
     return true;
    }
```

(15) 按 Ctrl+S 组合键，保存脚本。

(16) 单击 ▶ 运行按钮，测试场景游戏。如图 7-6 所示，在 Game 视图中，当"player"玩家对象距离"tempTurret"立方体对象 10 个单位范围内时，立方体对象目标性地跟随"player"对象上下左右的移动而旋转；而当玩家对象距离立方体对象大于 10 个单位范围时，Unity 的 Console 面板中弹出"out of range"信息；脚本运行正常。

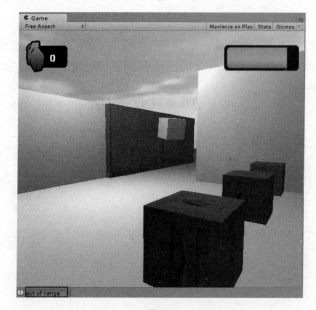

图 7-6

(17) 再次单击 ▶ 按钮，结束游戏。

(18) 下面将继续对脚本进行修改和完善，实现当"player"玩家处于"tempTurret"立方体对象可视的有效范围之内、可视的有效范围之外、不可视有效范围之内(即有第三个游戏物体阻隔在两者之间)三种状态时，Console 面板分别弹出三种不同的信息。

(19) 双击"TurretControl"脚本对象，打开脚本编辑器，修改脚本语句如下：

```
    var target : Transform;
    var range = 10.0;
    function Awake()
    {
        target = GameObject.FindWithTag("Player").transform;
```

```
    }
    function Update ()
    {
      if(target && CanAttackTarget())
        {
            //transform.LookAt(target);
            var targetRotation = Quaternion.LookRotation(target.position - transform.position, Vector3.up);
            transform.rotation = Quaternion.Slerp(transform.rotation, targetRotation, Time.deltaTime * 1.2);
        }
    }
    function CanAttackTarget()
    {
     //Check if the target is close enough
     if(Vector3.Distance(transform.position, target.position) > range)
     {
          print("out of range");
          return false;
     }
     var hit : RaycastHit;

     //Check if there's collision inbetween turret & target
     if(Physics.Linecast(transform.position, target.position, hit))
     {
          if(hit.collider.gameObject.tag != "Player")
          {
              print("Item in the way: "+hit.collider.gameObject.name);
              return false;
          }
          else
          {
              print("Player detected! ");
              return true;
          }
     }
     return true;
    }
```

(20) 按 Ctrl+S 组合键, 保存脚本。

(21) 单击▶运行按钮, 测试游戏脚本。如图 7-7 所示, AI 人工智能的效果为: 当"player"玩家对象处于"tempTurret"立方体对象可视的有效范围内时, Console 面板弹出"Player

detected!"的信息,并且立方体对象跟随"player"对象左右的移动而旋转;反之,两者距离较远时,Unity 的 Console 面板中弹出"out of range"的信息;而在有效的范围之内,而出现当第三个物体(如 Cube)位于两者("Player"玩家与"tempturret"立方体对象)之间时,Console 面板弹出"Item in the way:Cube"的信息;游戏运行正常。

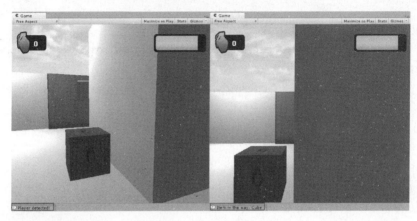

图 7-7

(22) 再次单击 ▶ 按钮,结束游戏。
(23) 按 Ctrl+S 组合键,保存场景。

7.2 应用 AI 人工智能

案例 7-2

(1) 启动 Unity,继续上一节的操作。

(2) 在 Hierarchy 面板选择场景中的"tempTurret"立方体对象,如图 7-8 所示,在其 Inspector 面板中取消其"TurretControl(Script)"脚本组件属性。

(3) 继续上面的操作,在 Hierarchy 面板中选择"turret2"炮塔对象的"turret_body"模型子对象,如图 7-9 所示,在其 Inspector 面板中选择其"TurretControl(Script)"脚本组件属性。

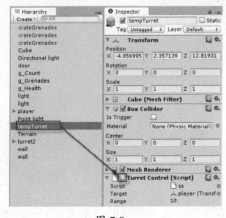

图 7-8

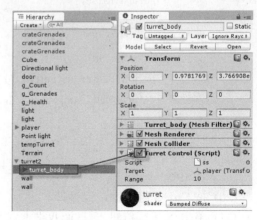

图 7-9

(4) 单击▶运行按钮，测试游戏脚本。如图 7-10 所示，当"player"玩家对象进入炮塔对象有效可视范围时，Unity 的 Console 面板弹出"Item in the way:turret_body"的信息而不是"Player detected!"，即需要对场景进行修改。

图 7-10

(5) 再次单击▶运行按钮，结束游戏。

(6) 如图 7-11 所示，选择"turret_body"模型子对象，在其 Inspector 面板中单击"Layer"右侧的下拉按钮，在弹出的下拉菜单中选择"Ingore Raycast"选项；然后，在弹出的"Change layer"窗口中单击"Yes，change children"选项，即对"turret_body"之下的子对象产生影响。

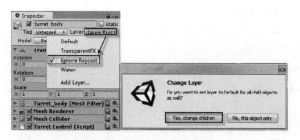

图 7-11

(7) 按 Ctrl+S 组合键，保存场景。

(8) 单击▶运行按钮，测试游戏脚本。当"player"玩家对象处于"turret_body"对象可视的有效范围内时，Console 面板弹出"Player detected!"的信息，并且炮塔模型的主体部分会跟随"player"对象左右的移动而旋转；反之，两者距离较远时，Unity 的 Console 面板中弹出"out of range"的信息；而在有效的范围之内，当第三个物体(如 Cube)存在两者之间，如图 7-12 所示，Console 面板弹出"Item in the way:Cube"的信息；即游戏运行正常。

注意：可以选择"turret_body"对象，直接在其 Inspector 面板的"TurretControl(Script)"脚本组件属性中修改 Range 的数值，适度增大攻击的有效范围。

(9) 再次单击▶运行按钮，结束游戏。

Unity 游戏开发技术

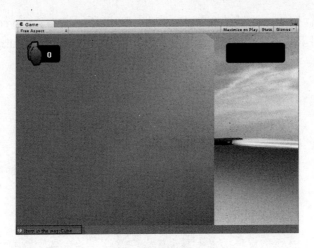

图 7-12

▷▷7.3 枪支动画

案例 7-3

（1）启动 Unity，继续上一节的操作。

（2）在 Hierarchy 面板中选择"tempTurret"立方体对象，按"Delete"键，删除该模型对象。按 Ctrl+S 组合键，保存场景。

（3）双击 Project 面板 Scripts 文件夹下"TurretControl"脚本对象，打开脚本编辑器，修改脚本语句如下：

```
var target : Transform;
var range = 10.0;
var leftFlame : GameObject;
var rightFlame : GameObject;
function Awake()
{
    target = GameObject.FindWithTag("Player").transform;
}
function Update ()
{
  if(target && CanAttackTarget())
   {
     //transform.LookAt(target);
     var targetRotation = Quaternion.LookRotation(target.position - transform.position, Vector3.up);
     transform.rotation = Quaternion.Slerp(transform.rotation, targetRotation, Time.deltaTime * 1.2);
    }
```

```
}
function CanAttackTarget()
{
  //Check if the target is close enough
  if(Vector3.Distance(transform.position, target.position)>range)
  {
      print("out of range");
      return false;
  }
var hit : RaycastHit;
  //Check if there's collision inbetween turret & target
  if(Physics.Linecast(transform.position, target.position, hit))
  {
      if(hit.collider.gameObject.tag != "Player")
      {
          print("Item in the way: "+hit.collider.gameObject.name);
          return false;
      }
      else
      {
          print("Player detected! ");
          return true;
      }
  }
  return true;
}
  InvokeRepeating("FalconAnimate",0,0.05 );
function FalconAnimate()
{
  if(leftFlame && rightFlame)
  {
      if(leftFlame.renderer.enabled)
      {
          leftFlame.renderer.enabled = false;
          rightFlame.renderer.enabled = true;
      }
      else
      {
          leftFlame.renderer.enabled = true;
          rightFlame.renderer.enabled = false;
      }
```

```
    }
    else
    {
        print("Effects on Turret not set!");
    }
}
```

(4) 按 Ctrl+S 组合键,保存脚本。

(5) 继续上面的操作,在 Hierarchy 面板选择选择"turret_body"模型子对象,展开其在 Inspector 面板中的"TurretControl(Script)"脚本属性,如图 7-13 所示,将 Hierarchy 面板中的"p_BarrelLeft"、"p_BarrelRight"火焰粒子对象分别拖拽到 Inspector 面板下"Left Flame"、"Right Flame"右侧的游戏对象选择框中。

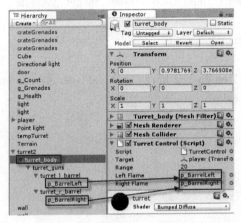

图 7-13

(6) 按 Ctrl+S 组合键,保存场景。

(7) 单击▶运行按钮,测试游戏脚本。如图 7-14 所示,在 Game 视图中炮塔对象是火焰粒子对象闪烁连续地从炮筒中发射出来。

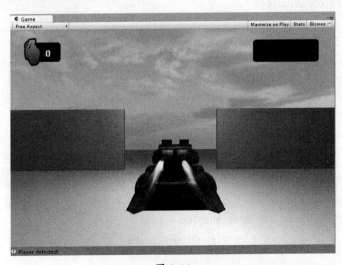

图 7-14

(8) 再次单击▶运行按钮，结束游戏。

▶▶7.4 攻击时间计算

案例 7-4

(1) 启动 Unity，继续上一节的操作。

(2) 双击 Project 面板 Scripts 文件夹下"TurretControl"脚本对象，打开脚本编辑器，修改脚本语句如下：

```
var target : Transform;
var range = 10.0;
var leftFlame : GameObject;
var rightFlame : GameObject;
static var mode = "idle";
function Awake()
{
    target = GameObject.FindWithTag("Player").transform;
      leftFlame.renderer.enabled = false;
      rightFlame.renderer.enabled = false;
}
function Update ()
{
  if(target && CanAttackTarget())
    {
        //transform.LookAt(target);
        var targetRotation = Quaternion.LookRotation(target.position - transform.position, Vector3.up);
        transform.rotation = Quaternion.Slerp(transform.rotation, targetRotation, Time.deltaTime * 1.2);
    }
}
function CanAttackTarget()
{
  //Check if the target is close enough
  if(Vector3.Distance(transform.position, target.position) > range)
  {
        Disengage();
        return false;
  }
```

```
var hit : RaycastHit;
//Check if there's collision inbetween turret & target
if(Physics.Linecast(transform.position, target.position, hit))
{
    if(hit.collider.gameObject.tag != "Player")
    {
        Disengage();
        return false;
    }
    else
    {
        Attack();
        return true;
    }
}
 return true;
}
function Attack()
{
 if(mode != "attack")
 {
     InvokeRepeating("FalconAnimate", 2, 0.05);
     mode = "attack";
 }
}


function Disengage()
{
 if(mode != "idle")
 {
    CancelInvoke();
    mode = "idle";
    leftFlame.renderer.enabled = false;
    rightFlame.renderer.enabled = false;
 }
}
function FalconAnimate()
{
 if(leftFlame && rightFlame)
```

```
        {
            if(leftFlame.renderer.enabled)
            {
                leftFlame.renderer.enabled = false;
                rightFlame.renderer.enabled = true;
            }
            else
            {
                leftFlame.renderer.enabled = true;
                rightFlame.renderer.enabled = false;
            }
        }
        else
        {
            print("Effects on Turret not set!");
        }
    }
```

(3) 按 Ctrl+S 组合键，保存脚本。

(4) 单击 ▶ 运行按钮，测试游戏脚本。如图 7-15 所示，在 Game 视图中，当控制"player"玩家对象处于可视的有效范围之外和不可视的有效范围之内时，炮塔对象不对玩家进行注视；而当"player"对象处于可视的有效范围之内时，炮塔对象对玩家进行注视和跟随；脚本运行正常。

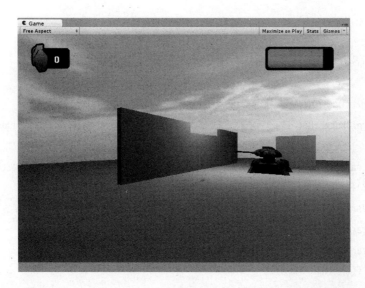

图 7-15

(5) 再次单击 ▶ 按钮，结束游戏。
(6) 按 Ctrl+S 组合键，保存场景。

7.5 生命系统(二)

7.5.1 减血系统

案例 7-5

(1) 启动 Unity，继续上一节的操作。

(2) 选择 Project 面板 Scripts 文件夹，单击鼠标右键，执行 Create→Javascript 命令，在该文件夹下创建一个新的脚本对象，并重命名为"TurretControl"。

(3) 双击新建的 TurretControl 脚本文件，打开脚本编辑器，输入如下脚本语句：

```javascript
var target : Transform;
var range = 10.0;
var leftFlame : GameObject;
var rightFlame : GameObject;
static var mode = "idle";
var gunSpeed = 0.05;
function Awake()
{
  target = GameObject.FindWithTag("Player").transform;
  leftFlame.renderer.enabled = false;
  rightFlame.renderer.enabled = false;
}
function Update ()
{
  if(target && CanAttackTarget())
  {
      //transform.LookAt(target);
      var targetRotation = Quaternion.LookRotation(target.position - transform.position, Vector3.up);
      transform.rotation = Quaternion.Slerp(transform.rotation, targetRotation, Time.deltaTime * 1.2);
      var forward = transform.forward;
      var targetDir = target.position - transform.position;
      var angle = Vector3.Angle(targetDir, forward);
      if(angle < 10.0)
      {
          DoDamage();
      }
```

```
        else
        {
        }
    }
}
var damageTimer = 0.0;
function DoDamage()
{
    if(damageTimer==0.0)
    {
        damageTimer = Time.time;
    }
    if((damageTimer+0.05) > Time.time)
    {
        return;
    }
    else
    {
        Player.HEALTH -= 1;
        print(Player.HEALTH);
        damageTimer = Time.time;
    }
}
function CanAttackTarget()
{
    //Check if the target is close enough
    if(Vector3.Distance(transform.position, target.position) > range)
    {
        Disengage();
        return false;
    }
    var hit : RaycastHit;
    //Check if there's collision inbetween turret & target
    if(Physics.Linecast(transform.position, target.position, hit))
    {
        if(hit.collider.gameObject.tag != "Player")
        {
            Disengage();
            return false;
```

```
            }
            else
            {
                Attack();
                return true;
            }
        }
        return true;
    }
    function Attack()
    {
     if(mode != "attack")
     {
            InvokeRepeating("FalconAnimate", 2, gunSpeed);
            mode = "attack";
     }
    }
    function Disengage()
    {
     if(mode != "idle")
     {
            CancelInvoke();
            mode = "idle";
            leftFlame.renderer.enabled = false;
            rightFlame.renderer.enabled = false;
     }
    }
    function FalconAnimate()
    {
     if(leftFlame && rightFlame)
     {
            if(leftFlame.renderer.enabled)
            {
                leftFlame.renderer.enabled = false;
                rightFlame.renderer.enabled = true;
            }
            else
            {
                leftFlame.renderer.enabled = true;
```

```
                rightFlame.renderer.enabled = false;
            }
        }
        else
        {
            print("Effects on Turret not set!");
        }
    }
```

(4) 按 Ctrl+S 组合键，保存脚本。

(5) 单击 Unity 工具栏上的▶运行按钮，测试游戏。如图 7-16 所示，在 Game 视图中，当 Player 玩家(摄像机)对象在 Turret 对象火力范围内时，Unity 底部的 Console 控制台输出的数值与 g_Health 贴图对象显示的蓝色生命值同时呈现递减的趋势，而当 Player 玩家对象移出 Turret 火力范围时，数值和蓝色生命值则保持不变。

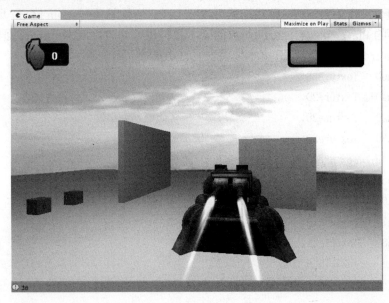

图 7-16

(6) 再次单击▶按钮，结束游戏。

(7) 按 Ctrl+S 组合键，保存场景。

7.5.2 游戏结束目录

案例 7-6

(1) 启动 Unity，继续上一节的操作。

(2) 在 Unity 菜单栏中执行 File→Build Settings 命令，弹出"Build Settings"对话框，如图 7-17 所示，检查面板中的 Scenes In Build 选择框中存在 Main Menu、Level 两个场景文件，而且文件后编号分别为 0、1。检查完毕，关闭 Build Settings 对话框。

图 7-17

(3) 当蓝色生命值为 0 时,游戏场景可以从 Level 场景跳转到 Main Menu 场景,需要对 Level 场景中的 Player 玩家(摄像机)对象的脚本属性进行修改。双击 Project 面板 Scripts 文件夹下的 Player 脚本对象,打开脚本编辑器,修改脚本语句如下:

```
var h00 : Texture2D;
var h10 : Texture2D;
var h20 : Texture2D;
var h30 : Texture2D;
var h40 : Texture2D;
var h50 : Texture2D;
var h60 : Texture2D;
var h70 : Texture2D;
var h80 : Texture2D;
static var HEALTH = 80;
function Update()
{
  var g_Health = gameObject.Find("g_Health");

  if(HEALTH > 70)
  {
      g_Health.guiTexture.texture = h80;
      return;
  }
  else if (HEALTH > 60)
  {
      g_Health.guiTexture.texture = h70;
```

```
        return;
    }
    else if (HEALTH > 50)
    {
        g_Health.guiTexture.texture = h60;
        return;
    }
    else if (HEALTH > 40)
    {
        g_Health.guiTexture.texture = h50;
        return;
    }
    else if (HEALTH > 30)
    {
        g_Health.guiTexture.texture = h40;
        return;
    }
    else if (HEALTH > 20)
    {
        g_Health.guiTexture.texture = h30;
        return;
    }
    else if (HEALTH > 10)
    {
        g_Health.guiTexture.texture = h20;
        return;
    }
    else if (HEALTH > 5)
    {
        g_Health.guiTexture.texture = h10;
        return;
    }
    else if (HEALTH <= 0)
    {
        g_Health.guiTexture.texture = h00;
        Application.LoadLevel(0);
        return;
    }
}
```

(4) 按 Ctrl+S 组合键，保存脚本。

(5) 单击 Unity 工具栏上的 ▶ 运行按钮，运行 Level 场景文件测试游戏。如图 7-18 所示，在 Game 视图中，当 Player 玩家(摄像机)对象在 Turret 对象火力范围内时，g_Health 贴图对象显示的蓝色生命值递减，且当生命值为 0 时，Game 视图自动切换到 Main Menu 场景文件中。

图 7-18

(6) 单击 ▶ 按钮，结束游戏。
(7) 按 Ctrl+S 组合键，保存场景。

练 习 题

1．游戏过程中，当生命值为 0 时，显示"You Failed！"的画面，单击空格键，返回主菜单。

2．根据案例 7-6，当生命值为 0 时，返回主菜单，再单击"Play Game"，无法进入游戏，请修改。

3．Player 被炮弹击中，Player 正上方显示减去生命值的红色数字，如"-20"。

第7章 人工智能与生命系统

读书笔记：

第8章 输出游戏

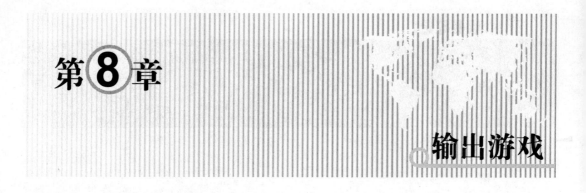

本章通过介绍 Build Settings 各个面板的详细功能、Quality 品质设定及 Player 玩家设定三个方面，系统展示如何在 Unity 中发布输出优质的游戏运行包。

▶▶8.1 Build Settings 对话框

下面通过案例介绍如何将游戏场景文件打包发布为一个 Web 版本，对 Build Settings 对话框进行详细阐述。

案例 8-1

（1）启动 Unity，打开光盘中的"\第 8 章\8.1\案例 8-1\练习素材\Test"工程项目，并双击 MainMenu.unity 场景文件来打开。

（2）在 Unity 菜单栏中执行 File→Build Settings 命令，弹出 Build Settings 对话框，如图 8-1 所示。

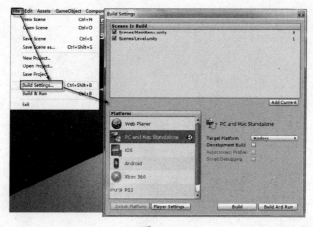

图 8-1

- Scenes in Build 面板

Scenes in Build 面板用于存放待发布的场景文件。初次启动时，该面板内为空，通过单击"Add Current"按钮，可以将当前 Scene 视图中正在打开的场景文件添加到 Scenes in Build 面板中；也可以将 Project 面板中存在的多个".Unity"场景文件，通过鼠标拖拽的方式添加到该面板中。

当 Scenes in Build 面板中添加了多个".Unity"场景文件后，文件后会出现 0、1……的序列号。可以通过鼠标拖拽的方式，对该面板中场景文件的顺序进行重新调整，而序列号的顺序保存不变。值得注意的是，序列号的顺序不一定就是发布场景的顺序，而需要通过脚本调用的方式，决定何时发布哪个场景文件；但当运行包含了多个场景文件的游戏文件时，序列号为"0"的场景文件是默认打开的第一个场景文件。

☑表示该场景文件被选择，并将被打包发布在游戏场景文件中；☐表示该场景文件没有被选择，不会打包入游戏文件中来，也就节省了发布时间和系统资源。

● Platform 面板

Unity 在 Platform 面板中提供了 7 种可供选择的发布平台，如图 8-2 所示，其中前三种 Web Player、PC and Mac Standalone、iOS、Android 为免费发布平台，而后三种 Xbox 360、PS3、Wil 需要在官网购买相应模块。

● Switch Platform

"Switch Platform"按钮用于各发布平台间的切换。当 Unity 图标 位于某种发布平台后时，就代表打包发布可以在该平台运行的特定游戏运行程序。如图 8-3 所示，选择发布 Web Player 版本，然后单击 Switch Platform 按钮，在 Hold on 对话框运行完毕后， 图标出现在 Web Player 平台上，即代表可以将游戏打包发布成网络版。

图 8-2   图 8-3

● Player Setting

单击"Player Setting"按钮，Unity 的 Inspector 面板将弹出 Player Setting 相关设置，用于游戏发布尺寸、默认 Icon 等的具体设置。详见第 8.2 节。

● Build

单击"Build"按钮，弹出的文件夹路径选择对话框，用于重命名和保存游戏。Unity 将自动压缩场景文件，发布游戏运行包。当选择 Web Player 平台发布游戏时，如图 8-4 所示，使用浏览器打开游戏运行包中的"WebPlayer.html"文件，在弹出的网页安全提示中选择"允许阻止的内容"，并按照提示安装"Unity web palyer"网页插件，这样便可以以网页的形式运行游戏场景了。

注意：Unity 不支持使用 Google 浏览器，因此请选择使用其他浏览器，用于播放 Web 版游戏包。

Unity 游戏开发技术

图 8-4

- Build And Run

单击"Build And Run"按钮,与"Build"类似,在弹出的对话框中选择保存路径,并命名游戏名称后,Unity 在打包发布游戏场景之后,将自动运行游戏。

▷▷8.2 品质设定

案例 8-2

(1) 启动 Unity,继续上一节中的操作。

(2) 在 Unity 菜单栏中执行 Edit→Project Settings→Quality 命令,如图 8-5 所示。Inspector 界面显示 Quality Settings 菜单,如图 8-6 所示。

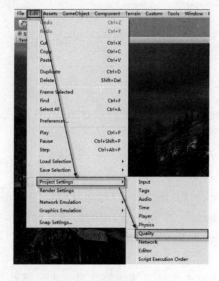

图 8-5

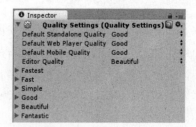

图 8-6

- Default Standalone Quality (单机的默认质量): 主要为单机玩家设置单机的默认质量。
- Default Web Player Quality(网络的默认质量): 主要为网络玩家设置网络的默认质量。
- Editor Quality(编辑界面的质量): 主要为开发者设置编辑界面的质量, 为开发者提前预览。

质量设定分为六个等级: Fastest、Fast、Simple、Good、Beautiful、Fantastic, 用来调节整个物体的每个细节不同质量程度。

每个等级可以自定义设置, 设置选项如下:

- Pixel Light Count (灯光像素数量): 每个灯光像素的最大数量主要使用于前面提供的路径。
- Shadows (阴影): 是否出现阴影。
- Shadow Resolution (阴影清晰度): 整体阴影的细节水平, 分为低质量、中质量、高质量。
- Shadow Cascades (阴影分辨率): 调节平行光照射的阴影分辨率。分辨率越高, 阴影越清晰。
- Shadow Distance (阴影距离): 摄像头的周围距离是否显示阴影。例如, 离摄像头的距离为 0, 阴影全无。离摄像头的距离为 30, 方圆 30 以内的元素显示阴影。
- Blend Weights (混合重量级): 混合重量级的数量在蒙皮网络上使用。2 Bones 在速度和质量之间是非常好的平衡。
- Texture Quality(纹理质量): 调节所有纹理的分辨率。
- Anisotropic Texture (各向异性纹理): 通过陡峭的角度来看纹理时, 各向异性过渡越高, 越会增加纹理质量, 但会承受性能成本。
- Anti Aliasing (抗锯齿处理): 3D 图像中的物体边缘总会或多或少地呈现三角形的锯齿, 抗锯齿就是使画面平滑自然、提高画质以使之柔和的一种方法。
- Soft Particles (优化粒子系统): 改变地形最佳的特征。
- Sync To VBL: 和显示屏刷新率同步。

8.3 玩家设定

案例 8-3

(1) 继续上一节中的操作。

(2) 在 Unity 菜单栏中执行 Edit→Project Settings→Player 命令, 如图 8-7 所示。Inspector 界面显示 Player Settings 菜单, 如图 8-8 所示。

- Cross-Platform Settings 界面提供三个设定项: Company Name (公司名称)、Product Name (产品名称)、Default Icon (默认图标)
- Per-Platform Settings 界面提供三个运行方式: Web Player(网页程序)、Windows&Mac OS X(单机程序)、Android(手机程序)。分为四个选项: Resolution and Presentation、Icon、Splash Image、Other Settings, 如图 8-9 所示。下面以单机程序为例介绍。

第一个选项: Resolution and Presentation 面板(图 8-10)。

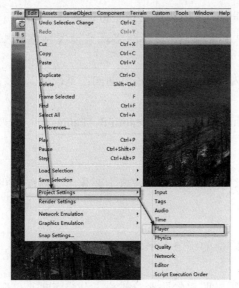

图 8-7

图 8-8

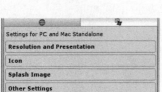

图 8-9

图 8-10

- Default Screen Width：默认单机显示宽度。
- Default Screen Height：默认单机显示高度。
- Run In Background：后台运行。
- Default Is Full Screen：开始游戏时，是否全屏。
- Capture Single Screen：捕获屏幕。
- Display Resolution Dialog：开始游戏时，是否显示设定对话框，如图 8-11 所示。
- Use Alpha In Dashboard (只限 Mac OS X)：在仪表盘使用 Alpha 通道。
- Always Display Watermark：游戏运行时，是否显示水印。

第二个选项：Icon 面板(图 8-12)。

在 Icon 面板，勾选"Override for Standalone"选项，并选择图片，就可以完成添加图标了。

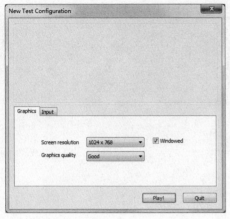
图 8-11

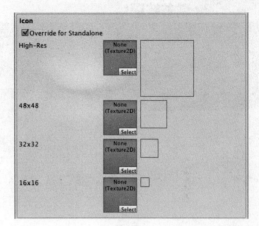
图 8-12

注意：Icon 不支持网络程序。

第三个选项：Splash Image (图 8-13)。
- Config Dialog Banner：游戏开始运行时，显示图片。

第四个选项：Other Settings (图 8-14)。

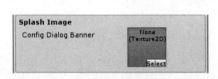
图 8-13

图 8-14

- Rendering Path：渲染路径，这个属性在 Standalone 和 Web Player 之间的连接共同使用。
- Static Batching / Dynamic Batching：静态 / 动态批次。
- Api Compatibility Level：应用程序兼容性级别。

练 习 题

将第 7 章制作的游戏打开，把品质和玩家的设定重新调整一下，然后发布单机版和网络版程序。

读书笔记：

附录 1

Unity 3D 快捷键一览表

组合键		键	功　能
File 文件			
Ctrl		N	New Scene 新建场景
Ctrl		O	Open Scene 打开场景
Ctrl		S	Save Scene 保存
Ctrl	Shift	S	Save Scene as 保存场景为
Ctrl	Shift	B	Build Settings... 编译设置……
Ctrl		B	Build and run 编译并运行
Edit 编辑			
Ctrl		Z	Undo 撤销
Ctrl		Y	Redo 重做
Ctrl		X	Cut 剪切
Ctrl		C	Copy 复制
Ctrl		V	Paste 粘贴
Ctrl		D	Duplicate 复制
Shift		Del	Delete 删除
		F	Frame selected 选择的帧
Ctrl		F	Find 查找
Ctrl		A	Select All 全选
Ctrl		P	Play 播放

(续)

组合键		键	功　　能
Ctrl	Shift	P	Pause 暂停
Ctrl	Alt	P	Stop 停止
Assets 资源			
Ctrl		R	Refresh 刷新
Game Object 游戏对象			
Ctrl	Shift	N	New Empty 新建空游戏对象
Ctrl	Alt	F	Move to view 移动到视图
Ctrl	Shift	F	Align with view 视图对齐
Window 窗口			
Ctrl		1	Scene 场景
Ctrl		2	Game 游戏
Ctrl		3	Inspector 检视面板
Ctrl		4	Hierarchy 层次
Ctrl		5	Project 项目
Ctrl		6	Animation 动画
Ctrl		7	Profiler 分析器
Ctrl		8	Particle Effect 粒子效果
Ctrl		9	Asset store 资源商店
Ctrl		0	Asset server 资源服务器
Ctrl	Shift	C	Console 控制台
Ctrl		TAB	Next Window 下一个窗口
Ctrl	Shift	TAB	Previous Window 上一个窗口
Ctrl	Alt	F4	Quit 退出
Tools 工具			
		Q	Pan 平移
		W	Move 移动
		E	Rotate 旋转
		R	Scale 缩放
		Z	Pivot Mode toggle 轴点模式切换

(续)

组合键		键	功　　能
		X	Pivot Rotation Toggle 轴点旋转切换
Ctrl		LMB	Snap 捕捉（Ctrl+鼠标左键）
		V	Vertex Snap 顶点捕捉
Selection 选择集			
Ctrl	Shift	1	Load Selection 1 载入选择集
Ctrl	Shift	2	Load Selection 2
Ctrl	Shift	3	Load Selection 3
Ctrl	Shift	4	Load Selection 4
Ctrl	Shift	5	Load Selection 5
Ctrl	Shift	6	Load Selection 6
Ctrl	Shift	7	Load Selection 7
Ctrl	Shift	8	Load Selection 8
Ctrl	Shift	9	Load Selection 9
Ctrl	Alt	1	Save Selection 1 保存选择集
Ctrl	Alt	2	Save Selection 2
Ctrl	Alt	3	Save Selection 3
Ctrl	Alt	4	Save Selection 4
Ctrl	Alt	5	Save Selection 5
Ctrl	Alt	6	Save Selection 6
Ctrl	Alt	7	Save Selection 7
Ctrl	Alt	8	Save Selection 8
Ctrl	Alt	9	Save Selection 9

附录 2

Unity 3D 运算符一览表

操作符分类	操作符	描述
算术操作符	+	(加法) 将两个数相加
	++	(自增) 将表示数值的变量加一(可以返回新值或旧值)
	-	(求相反数,减法) 作为求相反数操作符时返回参数的相反数。作为二进制操作符时,将两个数相减
	--	(自减) 将表示数值的变量减一(可以返回新值或旧值)
	*	(乘法) 将两个数相乘
	/	(除法) 将两个数相除
	%	(求余) 求两个数相除的余数
字符串操作符	+	(字符串加法) 连接两个字符串
	+=	连接两个字符串,并将结果赋给第一个字符串
逻辑操作符	&&	(逻辑与) 如果两个操作数都是真则返回真;否则返回假
	||	(逻辑或) 如果两个操作数都是假则返回假;否则返回真
	!	(逻辑非) 如果其单一操作数为真则返回假;否则返回真
位运算操作符	&	(按位与) 如果两个操作数对应位都是 1,则在该位返回 1
	^	(按位异或) 如果两个操作数对应位只有一个 1,则在该位返回 1
	|	(按位或) 如果两个操作数对应位都是 0,则在该位返回 0
	~	(求反) 反转操作数的每一位
	<<	(左移) 将第一操作数的二进制形式的每一位向左移位,所移位的数目由第二操作数指定。右面的空位补零
	>>	(算术右移) 将第一操作数的二进制形式的每一位向右移位,所移位的数目由第二操作数指定。忽略被移出的位
	>>>	(逻辑右移) 将第一操作数的二进制形式的每一位向右移位,所移位的数目由第二操作数指定。忽略被移出的位,左面的空位补零

(续)

操作符分类	操作符	描述
赋值操作符	=	将第二操作数的值赋给第一操作数
	+=	将两个数相加，并将和赋给第一个数
	-=	将两个数相减，并将差赋给第一个数
	*=	将两个数相乘，并将积赋给第一个数
	/=	将两个数相除，并将商赋给第一个数
	%=	计算两个数相除的余数，并将余数赋给第一个数
	&=	执行按位与，并将结果赋给第一个操作数
	^=	执行按位异或，并将结果赋给第一个操作数
	|=	执行按位或，并将结果赋给第一个操作数
	<<=	执行左移，并将结果赋给第一个操作数
	>>=	执行算术右移，并将结果赋给第一个操作数
	>>>=	执行逻辑右移，并将结果赋给第一个操作数
比较操作符	==	如果操作数相等，则返回真
	!=	如果操作数不相等，则返回真
	>	如果左操作数大于右操作数，则返回真
	>=	如果左操作数大于等于右操作数，则返回真
	<	如果左操作数小于右操作数，则返回真
	<=	如果左操作数小于等于右操作数，则返回真
特殊操作符	?:	执行一个简单的"if...else"语句
	,	计算两个表达式，返回第二个表达式的值
	delete	允许你删除一个对象的属性或数组中指定的元素
	new	允许你创建一个用户自定义对象类型或内建对象类型的实例
	this	可用于引用当前对象的关键字
	typeof	返回一个字符串，表明未计算的操作数的类型
	void	该操作符指定了要计算一个表达式但不返回值

附录 3

MonoBehaviour 基类介绍

MonoBehaviour 是每个脚本的基类，每个 Javascript 脚本自动继承 MonoBehaviour。使用 C#或 Boo 时，需要显式继承 MonoBehaviour。

注意：MonoBehavior 对象(编辑器中)的复选框，只有在其有 Start( )、Awake( )、Update( )、FixedUpdate( )和 OnGUI( )函数时显示，没有这些函数时则隐藏。

Variables 变量

useGUILayout	禁用此项，将会跳过 GUILayout 部署

Functions 函数

Invoke	根据时间调用指定方法名的方法
InvokeRepeating	根据时间调用指定方法名的方法
CancelInvoke	取消这个 MonoBehaviour 上的所有调用
IsInvoking	某指定函数是否在等候调用
StartCoroutine	开始协同程序
StopCoroutine	停止这个动作中名为 methodName 的所有协同程序
StopAllCoroutines	停止所有动作的协同程序

Overridable Functions 可重载的函数

Update	当 MonoBehaviour 启用时，其 Update 在每一帧被调用
LateUpdate	当 MonoBehaviour 启用时，其 LateUpdate 在每一帧被调用
FixedUpdate	当 MonoBehaviour 启用时，其 FixedUpdate 在每一帧被调用
Awake	当一个脚本实例被载入时 Awake 被调用
Start	Start 在 Update 调用前被调用
Reset	重置，恢复到默认值
OnMouseEnter	当鼠标进入到 GUIElement(GUI 组件) 或 Collider(碰撞体) 中时调用 OnMouseEnter

(续)

OnMouseOver	当鼠标悬浮在 GUIElement(GUI 组件)或 Collider(碰撞体)上时调用 OnMouseOver
OnMouseExit	当鼠标移出 GUIElement(GUI 组件)或 Collider(碰撞体)上时调用 OnMouseExit。
OnMouseDown	当用户在 GUIElement(GUI 组件)或 Collider(碰撞体)上单击鼠标时调用 OnMouseDown
OnMouseUp	当用户释放鼠标键时调用 OnMouseUp
OnMouseDrag	当用户鼠标拖拽 GUIElement(GUI 组件)或 Collider(碰撞体)时调用 OnMouseDrag
OnTriggerEnter	当 Collider(碰撞体)进入 trigger(触发器)时调用 OnTriggerEnter
OnTriggerExit	当 Collider(碰撞体)移出 trigger(触发器)时调用 OnTriggerExit
OnTriggerStay	当 Collider(碰撞体)触发 trigger(触发器)时在每一帧调用 OnTriggerStay
OnCollisionEnter	当此 collider/rigidbody 触发另一个 rigidbody/collider 时,OnCollisionEnter 将被调用
OnCollisionExit	当此 collider/rigidbody 停止触发另一个 rigidbody/collider 时,OnCollisionExit 将被调用
OnCollisionStay	当此 collider/rigidbody 触发另一个 rigidbody/collider 时,OnCollisionStay 将会在每一帧被调用
OnControllerColliderHit	当 controller 碰撞到 collider 时 OnControllerHit 被调用
OnJointBreak	当附在同一对象上的关节被断开时被调用
OnParticleCollision	当粒子碰到 collider 时被调用
OnBecameVisible	当 renderer(渲染器)在任何相机上可见时调用 OnBecameVisible
OnBecameInvisible	当 renderer(渲染器)在任何相机上都不可见时调用 OnBecameInvisible
OnLevelWasLoaded	当一个新关卡被载入时被调用
OnEnable	当对象变为可用或激活状态时被调用
OnDisable	当对象变为不可用或非激活状态时被调用
OnPreCull	在相机剪裁场景之前被调用
OnPreRender	在相机渲染场景之前被调用
OnPostRender	在相机完成场景渲染之后被调用
OnRenderObject	在相机场景渲染完成后被调用
OnWillRenderObject	如果对象可见,每个相机都会调用它
OnGUI	渲染和处理 GUI 事件时调用
OnRenderImage	当完成所有渲染后被调用,用来渲染图片后期效果
OnDrawGizmosSelected	如果想在物体被选中时绘制 gizmos,使用这个函数
OnDrawGizmos	如果想绘制可被点选的 gizmos,使用这个函数
OnApplicationPause	当玩家暂停时发送到所有的游戏物体
OnApplicationFocus	当玩家获取或失去焦点时,发送给所有游戏物体
OnApplicationQuit	在应用退出之前发送给所有的游戏物体

(续)

OnPlayerConnected	当一个新玩家成功连接时，在服务器上被调用
OnServerInitialized	当 Network.InitializeServer 被调用并完成时，在服务器上调用这个函数
OnConnectedToServer	当你成功连接到服务器时，在客户端被调用
OnPlayerDisconnected	当一个玩家从服务器上断开时，在服务器端调用
OnDisconnectedFromServer	当失去连接或从服务器端断开时，在客户端调用
OnFailedToConnect	当一个连接因为某些原因失败时，在客户端调用
OnFailedToConnectToMasterServer	当连接主服务器出现问题时，在客户端或服务器端调用
OnMasterServerEvent	当报告事件来自主服务器时，在客户端或服务器端调用
OnNetworkInstantiate	当一个物体使用 Network.Instantiate 进行网络初始化时调用
OnSerializeNetworkView	在一个网络视图脚本中，用于自定义变量同步

Class Functions 类函数

print	记录消息到 Unity 控制台。这个函数和 Debug.Log 作用相同

Inherited members 被继承的成员
Inherited Variables 被继承的变量

enabled	启用时 Behaviours 会执行更新，反之不更新
transform	附加在本游戏对象上的 Transform(没有则为 null)
rigidbody	附加在本游戏对象上的 Rigidbody (没有则为 null)
camera	附加在本游戏对象上的 Camera(没有则为 null)
light	附加在本游戏对象上的 Light(没有则为 null)
animation	附加在本游戏对象上的 animation(没有则为 null)
constantForce	附加在本游戏对象上的 ConstantForce(没有则为 null)
renderer	附加在本游戏对象上的 Renderer(没有则为 null)
audio	附加在本游戏对象上的 AudioSource(没有则为 null)
guiText	附加在本游戏对象上的 GUIText(没有则为 null)
networkView	附加在本游戏对象上的 NetworkView(只读)(没有则为 null)
guiTexture	附加在本游戏对象上的 GUITexture(只读) (没有则为 null)
collider	附加在本游戏对象上的 Collider(没有则为 null)
hingeJoint	附加在本游戏对象上的 HingeJoint(没有则为 null)
particleEmitter	附加在本游戏对象上的 ParticleEmitter(没有则为 null)
gameObject	该组件附加的游戏对象 组件总是附加在一个游戏对象上
tag	该游戏对象的标签
name	该游戏对象的名字
hideFlags	设置是否隐藏、保存在场景中或被用户修改
enabled	启用时 Behaviours 会执行更新，反之不更新

Inherited Functions 被继承的函数

GetComponent	返回游戏对象上某类型的组件，没有则返回 null
GetComponentInChildren	返回游戏对象或其子物体上某类型的组件，没有则返回 null 搜索时，深度优先
GetComponentsInChildren	返回游戏对象或其子物体上某类型的所有组件
GetComponents	返回游戏对象上某类型的所有组件
CompareTag	核对游戏对象的标签
SendMessageUpwards	在该游戏对象的所有 MonoBehaviour 上及其父物体上调用名为 methodName 的方法
SendMessage	在该游戏对象的所有 MonoBehaviour 上调用名为 methodName 的方法
BroadcastMessage	在该游戏对象的所有 MonoBehaviour 上及其子物体上调用名为 methodName 的方法

Inherited Class Functions 被继承的类函数

operator bool	判断物体是否存在
Instantiate	复制一个物体并返回该备份
Destroy	移除一个物体、组件或资源
DestroyImmediate	立刻销毁一个物体，建议用 Destroy 代替之
FindObjectsOfType	返回找到的所有指定类型的对象
FindObjectOfType	返回找到的指定类型的第一个对象
operator ==	比较两个物体是否相同
operator !=	比较两个物体是否不同

MonoBehaviour.useGUILayout
禁用此项,将会跳过 GUILayout 部署阶段。
它只用于用户不用 GUI.Window 和 GUILayout 的时候。

MonoBehaviour.Invoke
function **Invoke** (**methodName** : string, **time** : float) : void
根据时间调用指定方法名的方法。

JavaScript
```
// 2秒后发射炮弹
var projectile : Rigidbody;
Invoke("LaunchProjectile", 2);
function LaunchProjectile () {
    var instance : Rigidbody = Instantiate(projectile);
    instance.velocity = Random.insideUnitSphere * 5;
}
```

MonoBehaviour.InvokeRepeating
function **InvokeRepeating** (**methodName** : string, **time** : float, **repeatRate** : float) : void
根据时间调用指定方法名的方法，从第一次调用开始，每隔 repeatRate 时间调用一次。

Unity 游戏开发技术

JavaScript
```
// 2秒后开始
//每0.3秒发射一颗炮弹
var projectile : Rigidbody;
InvokeRepeating("LaunchProjectile", 2, 0.3);
function LaunchProjectile () {
    var instance : Rigidbody = Instantiate(projectile);
    instance.velocity = Random.insideUnitSphere * 5;
}
```

MonoBehaviour.CancelInvoke
function CancelInvoke ( ) : void
取消这个 MonoBehaviour 上的所有调用。

JavaScript
```
// Starting in 2 seconds.
// a projectile will be launched every 0.3 seconds
// 2秒后开始
// 每0.3秒发射一颗炮弹
var projectile : Rigidbody;
InvokeRepeating("LaunchProjectile", 2, 0.3);

// Cancels the repeating invoke call,
// when the user pressed the ctrl button
// 当用户按下ctrl键取消repeating调用
function Update() {
    if (Input.GetButton ("Fire1"))
        CancelInvoke();
}
function LaunchProjectile () {
    instance = Instantiate(projectile);
    instance.velocity = Random.insideUnitSphere * 5;
}
```

function CancelInvoke (methodName : string) : void
取消所有名为 methodName 的调用。

JavaScript
```
// 2秒后开始
// 每0.3秒发射一颗炮弹
var projectile : Rigidbody;
```

```
InvokeRepeating("LaunchProjectile", 2, 0.3);

// 当用户按下 ctrl 键取消 repeating 调用
function Update() {
    if (Input.GetButton ("Fire1"))
        CancelInvoke("LaunchProjectile");
}

function LaunchProjectile () {
    instance = Instantiate(projectile);
    instance.velocity = Random.insideUnitSphere * 5;
}
```

MonoBehaviour.IsInvoking
某指定函数是否在等候调用。

JavaScript
```
// 按下空格键 2 秒后实例化一个炮弹,在该函数执行完毕之前仅调用此函数
var projectile : Rigidbody;
function Update() {
    if(Input.GetKeyDown(KeyCode.Space) && !IsInvoking("LaunchProjectile"))
        Invoke("LaunchProjectile", 2);
}

function LaunchProjectile () {
    var instance : Rigidbody = Instantiate(projectile);
    instance.velocity = Random.insideUnitSphere * 5;
}
```

function **IsInvoking ( ) : bool**
此 MonoBehaviour 上是否有调用在等候。

MonoBehaviour.StartCoroutine
function **StartCoroutine (routine : IEnumerator) : Coroutine**
开始协同程序。

　　一个协同程序在执行过程中，可以在任意位置使用 yield 语句.yield 的返回值控制何时恢复协同程序向下执行。协同程序在对象自有帧执行过程中堪称优秀，协同程序在性能上没有更多的开销。StartCoroutine 函数是立刻返回的，但是 yield 可以延迟结果，直到协同程序执行完毕。

　　用 javascript 不需要添加 StartCoroutine，编译器将会替你完成。但是在 C#下，你必须

调用 StartCoroutine。

JavaScript
```
// 此例演示如何调用协同程序和它的执行
function Start() {
// 先打印"Starting 0.0"和"Before WaitAndPrint Finishes 0.0"两句
// 2秒后打印"WaitAndPrint 2.0"
    print ("Starting " + Time.time);
// 协同程序 WaitAndPrint 在 Start 函数内执行,可以视同于它与 Start 函数同步执行。
    StartCoroutine(WaitAndPrint(2.0));
    print ("Before WaitAndPrint Finishes " + Time.time);
}


function WaitAndPrint (waitTime : float) {
// 暂停执行 waitTime 秒
    yield WaitForSeconds (waitTime);
    print ("WaitAndPrint "+ Time.time);
}
```

另一个例子:

JavaScript
```
// 在这个例子中我们演示如何调用协同程序并直到它执行完成。
function Start() {
    // 0秒时打印"Starting 0.0", 2秒后打印"WaitAndPrint 2.0"和"Done 2.0"
    print ("Starting " + Time.time);
// 运行 WaitAndPrint 直到完成
    yield StartCoroutine(WaitAndPrint(2.0));
    print ("Done " + Time.time);
}


function WaitAndPrint (waitTime : float) {
// 等待 waitTime 秒
    yield WaitForSeconds (waitTime);
    print ("WaitAndPrint "+ Time.time);
}
```

  function **StartCoroutine** (methodName : string, value : object = null) : Coroutine
开始一个名为 methodName 的协同程序。

很多情况下,我们会用到 StartCoroutine 的一个变体。使用有字符串方法名的 StartCoroutine 允许你用 StopCoroutine 停止它。其缺点是会有较高的性能开销,而且你只能传递一个参数。

JavaScript
```javascript
// 这个例子演示如何调用一个使用字符串名称的协同程序并停掉它
function Start () {
    StartCoroutine("DoSomething", 2.0);
    yield WaitForSeconds(1);
    StopCoroutine("DoSomething");
}

function DoSomething (someParameter : float) {
    while (true) {
        print("DoSomething Loop");
// 停止协同程序的执行并返回到主循环直到下一帧。
        yield;
    }
}
```

MonoBehaviour.StopCoroutine

function **StopCoroutine (methodName : string) : void**
停止这个动作中名为 methodName 的所有协同程序。
请注意只有 StartCoroutine 使用一个字符串方法名时才能用 StopCoroutine 停用之。

JavaScript
```javascript
// 这个例子演示如何调用一个使用字符串名称的协同程序并停掉它
function Start () {
    StartCoroutine("DoSomething", 2.0);
    yield WaitForSeconds(1);
    StopCoroutine("DoSomething");
}

function DoSomething (someParameter : float) {
    while (true) {
        print("DoSomething Loop");
    // 停止协同程序的执行并返回到主循环直到下一帧
        yield;
    }
}
```

MonoBehaviour.StopAllCoroutines

function **StopAllCoroutines ( ) : void**
停止所有动作的协同程序。

JavaScript
```
// 开始协同程序
StartCoroutine ("DoSomething");
// 随后立即取消之
function DoSomething () {
    while (true) {
        yield;
    }
}
StopAllCoroutines();
```

MonoBehaviour.Update
function **Update ( )** : void

当 MonoBehaviour 启用时,其 Update 在每一帧被调用。
Update 是实现各种游戏行为最常用的函数。

JavaScript
```
// 以每秒 1 米的速度向前移动物体
function Update () {
    transform.Translate(0, 0, Time.deltaTime * 1);
}
```

为了获取自最后一次调用 Update 所用的时间,可以用 Time.deltaTime。这个函数只有在 Behaviour 启用时被调用。实现组件功能时重载这个函数。

MonoBehaviour.LateUpdate
function **LateUpdate ()** : void

当 MonoBehaviour 启用时,其 LateUpdate 在每一帧被调用。
LateUpdate 是在所有 Update 函数调用后被调用。这可用于调整脚本执行顺序。例如:当物体在 Update 里移动时,跟随物体的相机可以在 LateUpdate 里实现。

JavaScript
```
// 以每秒 1 米的速度向前移动物体
function LateUpdate () {
    transform.Translate(0, 0, Time.deltaTime * 1);
}
```

为了获取自最后一次调用 LateUpdate 所用的时间,可以用 Time.deltaTime。这个函数只有在 Behaviour 启用时被调用,实现组件功能时重载这个函数。

MonoBehaviour.FixedUpdate
function **FixedUpdate ( )** : void

当 MonoBehaviour 启用时,其 FixedUpdate 在每一帧被调用。

处理 Rigidbody 时，需要用 FixedUpdate 代替 Update。例如：给刚体加一个作用力时，你必须应用作用力在 FixedUpdate 里的固定帧，而不是 Update 中的帧(两者帧长不同)。

JavaScript
```
// 每帧应用一个向上的力到刚体上
function FixedUpdate () {
    rigidbody.AddForce (Vector3.up);
}
```

为了获取自最后一次调用 FixedUpdate 所用的时间，可以用 Time.deltaTime。这个函数只有在 Behaviour 启用时被调用，实现组件功能时重载这个函数。

MonoBehaviour.Awake
function Awake ( ) : void
当一个脚本实例被载入时 Awake 被调用。

Awake 用于在游戏开始之前初始化变量或游戏状态。在脚本整个生命周期内它仅被调用一次.Awake 在所有对象被初始化之后调用，所以你可以安全地与其他对象对话或用诸如 GameObject.FindWithTag 这样的函数搜索它们。每个游戏物体上的 Awake 以随机的顺序被调用.因此，你应该用 Awake 来设置脚本间的引用，并用 Start 来传递信息，Awake 总是在 Start 之前被调用.它不能用来执行协同程序。

C#和 Boo 用户注意：Awake 不同于构造函数，物体被构造时并没有定义组件的序列化状态。Awake 像构造函数一样只被调用一次。

JavaScript
```
private var target : GameObject;

function Awake () {
    target = GameObject.FindWithTag ("Player");
}
```

它不能用作协同程序。

MonoBehaviour.Start
function Start ( ) : void
Start 仅在 Update 函数第一次被调用前调用。

Start 在 behaviour 的生命周期中只被调用一次。它和 Awake 的不同是 Start 只在脚本实例被启用时调用。你可以按需调整延迟初始化代码。Awake 总是在 Start 之前执行。这允许你协调初始化顺序。

在所有脚本实例中，Start 函数总是在 Awake 函数之后调用。

JavaScript
```
// 初始化目标变量
// 目标是私有的并且不能在检视面板中编辑
```

```
private var target : GameObject;

function Start () {
    target = GameObject.FindWithTag ("Player");
}
```

MonoBehaviour.Reset
function **Reset ( )** : void
重置为默认值。
　　Reset 是在用户单击检视面板的"Reset"按钮或者首次添加该组件时被调用。此函数只在编辑模式下被调用。Reset 最常用于在检视面板中给定一个最常用的默认值。

JavaScript
```
// 设置 target 为默认值
// 这可以用于一个跟踪相机
var target : GameObject;

function Reset () {
// 如果 target 没有赋值，设置它
    if (!target)
        target = GameObject.FindWithTag ("Player");
}
```

MonoBehaviour.OnMouseEnter
function **OnMouseEnter ( )** : void
当鼠标悬浮在 GUIElement(GUI 组件)或 Collider(碰撞体)中时调用 OnMouseEnter。

JavaScript
```
// 附加这个脚本到网格
// 当鼠标经过网格时网格变红色
function OnMouseEnter () {
    renderer.material.color = Color.red;
}
```

　　这个函数不会在属于 Ignore Raycast 的层上调用。
　　它可以被作为协同程序，在函数体内使用 yield 语句。这个事件将发送到所有附在 Collider 或 GUIElement 的脚本上。
　　注意：这个函数在 iPhone 上无效。

MonoBehaviour.OnMouseOver
function **OnMouseOver ( )** : void
当鼠标悬浮在 GUIElement(GUI 组件)或 Collider(碰撞体)上时调用 OnMouseOver。

JavaScript
```
// 当鼠标在网格上时渐变红色组件为0
function OnMouseOver () {
    renderer.material.color -= Color(0.1, 0, 0) * Time.deltaTime;
}
```

这个函数不会在属于 Ignore Raycast 的层上调用。

它可以被作为协同程序，在函数体内使用 yield 语句。这个事件将发送到所有附在 Collider 或 GUIElement 的脚本上。

注意：此函数在 iPhone 上无效。

MonoBehaviour.OnMouseExit

function **OnMouseExit ( )** : void

当鼠标移出 GUIElement(GUI 组件)或 Collider(碰撞体)上时调用 OnMouseExit。
OnMouseExit 与 OnMouseEnter 相反。

JavaScript
```
// 定义一个白色的材质到此网格。
function OnMouseExit () {
    renderer.material.color = Color.white;
}
```

这个函数不会在属于 Ignore Raycast 的层上调用。

它可以被作为协同程序，在函数体内使用 yield 语句。这个事件将发送到所有附在 Collider 或 GUIElement 的脚本上。

注意：此函数在 iPhone 上无效。

MonoBehaviour.OnMouseDown

function **OnMouseDown ( )** : void

当鼠标在 GUIElement(GUI 组件)或 Collider(碰撞体)上单击时调用 OnMouseDown。
这个事件将发送给 Collider 或 GUIElement 上的所有脚本。

JavaScript
```
// 单击物体后载入"SomeLevel"关卡
function OnMouseDown () {
    Application.LoadLevel ("SomeLevel");
}
```

这个函数不会在属于 Ignore Raycast 的层上调用。

它可以被作为协同程序，在函数体内使用 yield 语句。这个事件将发送到所有附在 Collider 或 GUIElement 的脚本上。

注意：此函数在 iPhone 上无效。

MonoBehaviour.OnMouseUp

function **OnMouseUp ( )** : void

当用户释放鼠标按钮时调用 OnMouseUp。

OnMouseUp 只调用在按下的同一物体上。

```
JavaScript
// 释放用户单击的物体后载入"SomeLevel"
function OnMouseUp () {
    Application.LoadLevel ("SomeLevel");
}
```

这个函数不会在属于 Ignore Raycast 的层上调用。

它可以被作为协同程序,在函数体内使用 yield 语句。这个事件将发送到所有附在 Collider 或 GUIElement 的脚本上。

注意:此函数在 iPhone 上无效。

MonoBehaviour.OnMouseDrag

function **OnMouseDrag ()** : void

当用户鼠标拖拽 GUIElement(GUI 组件)或 Collider(碰撞体)时调用 OnMouseDrag。

OnMouseDrag 在鼠标按下的每一帧被调用。

```
JavaScript
// 在用户按下鼠标的过程中材质颜色渐黑
function OnMouseDrag () {
    renderer.material.color -= Color.white * Time.deltaTime;
}
```

这个函数不会在属于 Ignore Raycast 的层上调用。

它可以被作为协同程序,在函数体内使用 yield 语句。这个事件将发送到所有附在 Collider 或 GUIElement 的脚本上。

注意:此函数在 iPhone 上无效。

MonoBehaviour.OnTriggerEnter

function **OnTriggerEnter (other : Collider)** : void

当 Collider(碰撞体)进入 trigger(触发器)时调用 OnTriggerEnter。

这个消息被发送到触发器碰撞体和刚体(或者碰撞体假设没有刚体)。注意如果碰撞体附加了一个刚体,也只发送触发器事件。

```
JavaScript
// 销毁所有进入触发器的物体
function OnTriggerEnter (other : Collider) {
    Destroy(other.gameObject);
}
```

它可以被用作协同程序,在函数中调用 yield 语句。

MonoBehaviour.OnTriggerExit

function **OnTriggerExit (other** : Collider) : void

当 Collider(碰撞体)停止触发 trigger(触发器)时调用 OnTriggerExit。

这个消息被发送到触发器和接触到这个触发器的碰撞体。注意如果碰撞体附加了一个刚体，也只发送触发器事件。

JavaScript
```javascript
// 销毁所有离开触发器的物体
function OnTriggerExit (other : Collider) {
    Destroy(other.gameObject);
}
```

它可以被用作协同程序，在函数中调用 yield 语句。

MonoBehaviour.OnTriggerStay

function **OnTriggerStay (other** : Collider) : void

当碰撞体接触触发器时，OnTriggerStay 将在每一帧被调用。

这个消息被发送到触发器和接触到这个触发器的碰撞体。注意如果碰撞体附加了一个刚体，也只发送触发器事件。

JavaScript
```javascript
// 对进入触发器的刚体施加一个向上的力
function OnTriggerStay (other : Collider) {
    if (other.attachedRigidbody)
        other.attachedRigidbody.AddForce(Vector3.up * 10);
}
```

它可以被用作协同程序，在函数中调用 yield 语句。

MonoBehaviour.OnCollisionEnter

function **OnCollisionEnter (collisionInfo** : Collision) : void

当此 collider/rigidbody 触发另一个 rigidbody/collider 时，OnCollisionEnter 将被调用。

相对于 OnTriggerEnter，OnCollisionEnter 传递的是 Collision 类而不是 Collider。Collision 包含接触点，碰撞速度等细节.如果在函数中不使用碰撞信息，省略 collisionInfo 参数以避免不必要的运算。注意：如果碰撞体附加了一个非动力学刚体，只发送碰撞事件。

JavaScript
```javascript
function OnCollisionEnter(collision : Collision) {
    // Debug-draw all contact points and normals
    // 绘制所有接触点和法线
    for (var contact : ContactPoint in collision.contacts)
        Debug.DrawRay(contact.point, contact.normal, Color.white);

    // Play a sound if the coliding objects had a big impact
```

```
// 如果碰撞体有较大冲击就播放声音
   if (collision.relativeVelocity.magnitude > 2)
      audio.Play();
}
```

它可以被用作协同程序，在函数中调用 yield 语句。

MonoBehaviour.OnCollisionExit

function **OnCollisionExit (collisionInfo** : Collision) : void

当此 collider/rigidbody 停止触发另一个 rigidbody/collider 时，OnCollisionExit 将被调用。

相对于 OnTriggerExit，OnCollisionExit 传递的是 Collision 类而不是 Collider。Collision 包含接触点、碰撞速度等细节。如果在函数中不使用碰撞信息，省略 collisionInfo 参数以避免不必要的运算。

注意：如果碰撞体附加了一个非动力学刚体，只发送碰撞事件。

JavaScript
```
function OnCollisionExit(collisionInfo : Collision) {
   print("No longer in contact with " + collisionInfo.transform.name);
}
```

它可以被用作协同程序，在函数中调用 yield 语句。

MonoBehaviour.OnCollisionStay

function **OnCollisionStay (collisionInfo** : Collision) : void

当此 collider/rigidbody 触发另一个 rigidbody/collider 时，OnCollisionStay 将会在每一帧被调用。

相对于 OnTriggerStavy，OnCollisionStavy 传递的是 Collision 类而不是 Collider。Collision 包含接触点、碰撞速度等细节。如果在函数中不使用碰撞信息，省略 collisionInfo 参数以避免不必要的运算。注意：如果碰撞体附加了一个非动力学刚体，只发送碰撞事件。

JavaScript
```
function OnCollisionStay(collisionInfo : Collision) {
   // Debug-draw all contact points and normals
// 绘制所有接触点和法线
   for (var contact : ContactPoint in collisionInfo.contacts)
      Debug.DrawRay(contact.point, contact.normal, Color.white);
}
```

它可以被用作协同程序，在函数中调用 yield 语句。

MonoBehaviour.OnControllerColliderHit

function **OnControllerColliderHit (hit** : ControllerColliderHit) : void

当 controller 碰撞到 collider 时 OnControllerHit 被调用。

它可以用来在角色碰到物体时推开物体。

JavaScript
```
// 这个脚本用来使角色推开碰到的所有刚体
```

```
var pushPower : float = 2.0;
function OnControllerColliderHit (hit : ControllerColliderHit) {
    var body : Rigidbody = hit.collider.attachedRigidbody;
// 没有刚体
    if (body == null || body.isKinematic)
        return;

// 不推开我们身后的物体
    if (hit.moveDirection.y < -0.3)
        return;

// 根据移动方向计算推的方向
// 只把物体推向一旁
    var pushDir : Vector3 = Vector3 (hit.moveDirection.x, 0, hit.moveDirection.z);

    // 如果知道角色移动的速度，你可以用它乘以推动速度
    body.velocity = pushDir * pushPower;
}
```

MonoBehaviour.OnJointBreak

function **OnJointBreak (breakForce** : float) : void

当附在同一对象上的关节被断开时调用。

当一个力大于这个关节的承受力时，关节将被断开。此时 OnJointBreak 将被调用，应用到关节的力将被传入。之后这个关节将自动从游戏对象中移除并删除。

JavaScript
```
function OnJointBreak(breakForce : float) {
    Debug.Log("Joint Broke!, force: " + breakForce);
}
```

MonoBehaviour.OnParticleCollision

function **OnParticleCollision (other** : GameObject) : void

当粒子碰到 collider 时被调用。

这个可以用于游戏对象被粒子击中时，应用伤害到它上面。这个消息被发送到所有附加到 theWorldParticleCollider 的脚本上和被击中的碰撞体上。这个消息只有当在 theWorldParticleCollider 检视面板中启用了 sendCollisionMessage 才会被发送。

JavaScript
```
// 应用力到所有被粒子击中的刚体上。
function OnParticleCollision (other : GameObject) {
    var body : Rigidbody = other.rigidbody;
    if (body) {
```

```
        var direction : Vector3 = other.transform.position - transform.position;
        direction = direction.normalized;
        body.AddForce (direction * 5);
    }
}
```

MonoBehaviour.OnBecameVisible

function **OnBecameVisible ( ) :** void

当renderer(渲染器)在任何相机上可见时调用OnBecameVisible。

这个消息发送到所有附在渲染器的脚本上。OnBecameVisible 和 OnBecameInvisible 可以用于只需要在物体可见时才进行的计算。

```JavaScript
function OnBecameVisible () {
    enabled = true;
}
```

它可以被用作协同程序,在函数中调用 yield 语句。当在编辑器中运行时,场景面板相机也会导致这个函数被调用。

MonoBehaviour.OnBecameInvisible

function **OnBecameInvisible ( ) :** void

当renderer(渲染器)在任何相机上都不可见时调用OnBecameInvisible。

这个消息发送到所有附在渲染器的脚本上。OnBecameVisible 和 OnBecameInvisible 可以用于只需要在物体可见时才进行的计算。

```JavaScript
// 当它不可见时禁用这个行为
function OnBecameInvisible () {
    enabled = false;
}
```

它可以被用作协同程序,在函数中调用 yield 语句。当在编辑器中运行时,场景面板相机也会导致这个函数被调用。

MonoBehaviour.OnLevelWasLoaded

function **OnLevelWasLoaded (level : int) :** void

当一个新关卡被载入时此函数被调用。

/level/是被加载的关卡的索引。使用菜单项 File→Build Settings... 来查看索引引用的是哪个场景。

```JavaScript
// 当关卡13被加载时打印"Woohoo"
```

```
function OnLevelWasLoaded (level : int) {
    if (level == 13) {
        print ("Woohoo");
    }
}
```

它可以被用作协同程序,在函数中调用 yield 语句。

MonoBehaviour.OnEnable
function **OnEnable ( )** : void
当对象变为可用或激活状态时此函数被调用

JavaScript
```
function OnEnable () {
    print("script was enabled");
}
```

他不能用于协同程序。

MonoBehaviour.OnDisable
function **OnDisable ( )** : void
当对象变为不可用或非激活状态时此函数被调用。
当物体被销毁时它将被调用,并且可用于任意清理代码。脚本被卸载时,OnDisable 将被调用,OnEnable 在脚本被载入后调用。

JavaScript
```
function OnDisable () {
    print("script was removed");
}
```

它不能用于协同程序。

MonoBehaviour.OnPreCull
function **OnPreCull ( )** : void
在相机剪裁场景之前被调用。
剪裁决定哪个物体对于相机来说是可见的。OnPreCull 仅是在这个过程被调用。
只有脚本被附加到相机上时才会调用这个函数。
如果你想改变相机的参数(比如:fieldOfView 或者 transform),可以在这里做这些。场景物体的可见性将根据相机的参数在 OnPreCull 之后确定。

JavaScript
```
// 把这个赋给相机。所有被它渲染的物体都被翻转。它只在 pro 版的 Unity 中有效。
function OnPreCull () {
    camera.ResetWorldToCameraMatrix ();
```

```
    camera.ResetProjectionMatrix ();
    camera.projectionMatrix = camera.projectionMatrix * Matrix4x4.Scale(Vector3 (1, -1, 1));
}

// 设置它为 true 以便我们可以看到翻转的物体
function OnPreRender () {
    GL.SetRevertBackfacing (true);
}

// 再设置它为 false，因为我们不想作用于每个相机
function OnPostRender () {
    GL.SetRevertBackfacing (false);
}
```

MonoBehaviour.OnPreRender

function **OnPreRender ( )** : void

在相机渲染场景之前被调用。

只有脚本被附加到相机并被启用时才会调用这个函数。

注意：如果你改变了相机的参数(如:fieldOfView)，它将只作用于下一帧，应该用 OnPreCull 代替。OnPreRender 可以是一个协同程序，在函数中调用 yield 语句即可。

JavaScript
```
// 这个脚本使你控制每个相机的雾
// 通过开启和关闭检视面板中的脚本
// 你可以开启和关闭每个相机的雾
private var revertFogState = false;

function OnPreRender () {
    revertFogState = RenderSettings.fog;
    RenderSettings.fog = enabled;
}

function OnPostRender () {
    RenderSettings.fog = revertFogState;
}
```

MonoBehaviour.OnPostRender

function **OnPostRender ()** : void

在相机完成场景渲染之后被调用。

只有该脚本附于相机并启用时才会调用这个函数。OnPostRender 可以是一个协同程序，在函数中调用 yield 语句即可。

OnPostRender 在相机渲染完所有物体之后被调用。如果你想在相机和 GUI 渲染完成后做些什么，就用 WaitForEndOfFrame 协同程序。

JavaScript
```javascript
// 当附于一个相机后，将清理 alpha 管道为纯白色。如果你想渲染到纹理并显示在 GUI 上，可以使用它。
private var mat : Material;

function OnPostRender() {
    // 创建一个着色器，将 alpha 通道渲染为白色
    if(!mat) {
        mat = new Material( "Shader \"Hidden/SetAlpha\" {" +
            "SubShader {" +
            "    Pass {" +
            "        ZTest Always Cull Off ZWrite Off" +
            "        ColorMask A" +
            "        Color (1, 1, 1, 1)" +
            "    }" +
            "}" +
            "}"
        );
    }

    // 用上面的着色器绘制一个四边形覆盖整个屏幕
    GL.PushMatrix ();
    GL.LoadOrtho ();
    for (var i = 0; i < mat.passCount; ++i) {
        mat.SetPass (i);
        GL.Begin( GL.QUADS );
        GL.Vertex3( 0, 0, 0.1 );
        GL.Vertex3( 1, 0, 0.1 );
        GL.Vertex3( 1, 1, 0.1 );
        GL.Vertex3( 0, 1, 0.1 );
        GL.End();
    }
    GL.PopMatrix ();
}
```

MonoBehaviour.OnRenderObject
function **OnRenderObject ( ) :** void
在相机场景渲染完成后被调用。

该函数可以用来渲染你自己的物体,用 Graphics.DrawMesh 或者其他函数。这个函数类似于 OnPostRender,除非 OnRenderObject 被其他物体用脚本函数调用,否则它是否附于相机都没有关系。

MonoBehaviour.OnWillRenderObject

function **OnWillRenderObject ( )** : void

如果对象可见每个相机都会调用它。

如果 MonoBehaviour 被禁用,此函数将不被调用。

此函数在剪裁过程中被调用,在渲染所有被剪裁的物体之前被调用。你可以用它来创建具有依赖性的纹理,并且只有在被渲染的物体可见时才更新这个纹理。举例来讲,它已用于水组件中。

Camera.current 将被设置为要渲染这个物体的相机。

JavaScript
```
// 当此 transform 被渲染时增大物体大小。在运行模式下,注意在场景编辑器显示物体时,game 面板
和场景编辑器任何一个没有看到物体时,此函数是否被调用。
var otherObject : GameObject;

function OnWillRenderObject() {
    otherObject.transform.localScale *= 1.0001;
}
```

MonoBehaviour.OnGUI

function **OnGUI ( )** : void

渲染和处理 GUI 事件时调用。

这意味着你的 OnGUI 程序将会在每一帧被调用。要得到更多的 GUI 事件的信息,查阅 Event 手册。如果 Monobehaviour 的 enabled 属性设为 false,OnGUI()将不会被调用。

JavaScript
```
function OnGUI () {
    if (GUI.Button (Rect (10, 10, 150, 100), "I am a button"))
        print ("You clicked the button!");
}
```

获取更多信息,查阅 GUI Scripting Guide

MonoBehaviour.OnRenderImage

function **OnRenderImage (source** : RenderTexture, **destination** : RenderTexture) : void

当完成所有渲染后被调用,用来渲染图片后期效果。

后期效果处理(仅 Unity Pro)。

它允许你使用基于着色器的过滤器来处理最终的图像。进入的图片是 source 渲染纹理,结果是 destination 渲染纹理。当有多个图片过滤器附加在相机上时,它们序列化地处理图片,将第一个过滤器的目标作为下一个过滤器的源。

这个消息被发送到所有附加在相机上的脚本。
也可以查阅 Unity Pro 中的 image effects。

MonoBehaviour.OnDrawGizmosSelected
function **OnDrawGizmosSelected ( )** : void
如果想在物体被选中时绘制 gizmos，去实现这个函数。
Gizmos 只在物体被选择的时候绘制，Gizmos 不能被点选，这可以使设置更容易。例如：一个爆炸脚本可以绘制一个球来显示爆炸半径。

```JavaScript
var explosionRadius : float = 5.0;

function OnDrawGizmosSelected () {

// 被选中时显示爆炸半径。
    Gizmos.color = Color.white;
    Gizmos.DrawSphere (transform.position, explosionRadius);
}
```

MonoBehaviour.OnDrawGizmos
function **OnDrawGizmos ( )** : void
如果你想绘制可被点选的 gizmos，去实现这个函数。
这允许你在场景中快速选择重要的物体。
注意：OnDrawGizmos 使用相对鼠标坐标。

```JavaScript
function OnDrawGizmos () {
    Gizmos.DrawIcon (transform.position, "Light Gizmo.tiff");
}
```

MonoBehaviour.OnApplicationPause
function **OnApplicationPause (pause : bool)** : void
当玩家暂停时发送到所有的游戏物体。
它可以作协同程序，在函数中使用 yield 语句即可。

MonoBehaviour.OnApplicationFocus
function **OnApplicationFocus (focus : bool)** : void
当玩家获取或失去焦点时发送给所有游戏物体。
它可以作协同程序，在函数中使用 yield 语句即可。

MonoBehaviour.OnApplicationQuit
function **OnApplicationQuit ( )** : void
在应用退出之前发送给所有的游戏物体。

当用户停止运行模式时在编辑器中调用。当 Web 被关闭时在网页播放器中被调用。

MonoBehaviour.OnPlayerConnected
function **OnPlayerConnected (player** : NetworkPlayer**)** : void
当一个新玩家成功连接时在服务器上被调用。

JavaScript
```
private var playerCount : int = 0;

function OnPlayerConnected(player: NetworkPlayer) {
    Debug.Log("Player " + playerCount +
            " connected from " + player.ipAddress +
            ":" + player.port);

// 用玩家的信息构建一个数据结构
}
```

MonoBehaviour.OnServerInitialized
function **OnServerInitialized ( )** : void
当 Network.InitializeServer 被调用并完成时，在服务器上调用这个函数。

JavaScript
```
function OnServerInitialized() {
    Debug.Log("Server initialized and ready");
}
```

MonoBehaviour.OnConnectedToServer
function **OnPlayerDisconnected (player** : NetworkPlayer**)** : void
当一个玩家从服务器上断开时在服务器端调用。

JavaScript
```
function OnPlayerDisconnected(player : NetworkPlayer) {
    Debug.Log("Clean up after player " +  player);
    Network.RemoveRPCs(player);
    Network.DestroyPlayerObjects(player);
}
```

MonoBehaviour.OnDisconnectedFromServer
function **OnDisconnectedFromServer (mode** : NetworkDisconnection**)** : void
当失去连接或从服务器端断开时在客户端调用。

JavaScript
```
function OnDisconnectedFromServer (info : NetworkDisconnection) {
    Debug.Log("Disconnected from server: " + info);
}
```

MonoBehaviour.OnFailedToConnect
function **OnFailedToConnect (error : NetworkConnectionError) : void**
当一个连接因为某些原因失败时在客户端调用。
失败原因将作为 NetworkConnectionError 枚举传入。

JavaScript
```
function OnFailedToConnect(error : NetworkConnectionError) {
    Debug.Log("Could not connect to server: "+ error);
}
```

MonoBehaviour.OnFailedToConnectToMasterServer
function **OnFailedToConnectToMasterServer (error : NetworkConnectionError) : void**
当连接主服务器出现问题时在客户端或服务器端调用。
失败原因将作为 NetworkConnectionError 枚举传入。

JavaScript
```
function OnFailedToConnectToMasterServer(info : NetworkConnectionError) {
    Debug.Log("Could not connect to master server: "+ info);
}
```

MonoBehaviour.OnMasterServerEvent
function **OnMasterServerEvent (msEvent : MasterServerEvent) : void**
当报告事件来自主服务器时在客户端或服务器端调用。
例如：当一个客户列表接收完成或客户注册成功后被调用。

JavaScript
```
function Start () {
    Network.InitializeServer(32, 25000);
}

function OnServerInitialized() {
    MasterServer.RegisterHost( "MyGameVer1.0.0_42"
        , "My Game Instance"
        , "This is a comment and place to store data");
}

function OnMasterServerEvent(msEvent: MasterServerEvent) {
    if (msEvent == MasterServerEvent.RegistrationSucceeded) {
        Debug.Log("Server registered");
    }
}
```

MonoBehaviour.OnNetworkInstantiate
function **OnNetworkInstantiate (info : NetworkMessageInfo) : void**
当一个物体使用 Network.Instantiate 进行网络初始化时调用。

这对于禁用或启用一个已经初始化的物体组件来说是非常有用的，它们的行为取决于它们是在本地还是在远端。

注意：在 NetworkMessageInfo 里的 networkView 属性不能在 OnNetworkInstantiate 里使用。

JavaScript
```
function OnNetworkInstantiate (info : NetworkMessageInfo) {
    Debug.Log("New object instantiated by " + info.sender);
}
```

MonoBehaviour.OnSerializeNetworkView

function **OnSerializeNetworkView (stream** : BitStream, **info** : NetworkMessageInfo) : void

在一个网络视图脚本中，用于自定义变量同步。

它自动决定被序列化的变量是否应该发送或接收，查看下面的例子获取更好的描述。这个依赖于谁拥有这个物体，例如，所有者发送，其他物体接收。

JavaScript
```
// 此物体的健康信息
var currentHealth : int = 0;
function OnSerializeNetworkView(stream : BitStream, info : NetworkMessageInfo) {
    if (stream.isWriting) {
        var healthC : int = currentHealth;
        stream.Serialize(healthC);
    }
    else {
        var healthZ : int = 0;
        stream.Serialize(healthZ);
        currentHealth = healthZ;
    }
}
```

MonoBehaviour.print

static function **print (message : object)** : void

记录消息到 Unity 控制台，这个函数和 Debug.Log 作用相同。

Behaviour.enabled

var **enabled** : bool

启用时 Behaviours 会执行更新，反之不更新。

它在检视面板中显示为一个小复选框。

JavaScript
```
GetComponent(PlayerScript).enabled = false;
```

Component.transform

var **transform** : Transform

附加在本游戏对象上的 Transform(没有则为 null)。

JavaScript
```
transform.Translate(1, 1, 1);
```

Component.rigidbody
var **rigidbody** : Rigidbody
附加在本游戏对象上的 Rigidbody （没有则为 null）。

JavaScript
```
rigidbody.AddForce(1, 1, 1);
```

Component.camera
var **camera** : Camera
附加在本游戏对象上的 Camera （没有则为 null）。

JavaScript
```
camera.fieldOfView = 40;
```

Component.light
var **light** : Light
附加在本游戏对象上的 Light （没有则为 null）。

JavaScript
```
light.range = 10;
```

Component.animation
var **animation** : Animation
附加在本游戏对象上的 Animation （没有则为 null）。

JavaScript
```
animation.Play();
```

Component.constantForce
var **constantForce** : ConstantForce
附加在本游戏对象上的 ConstantForce （没有则为 null）。

JavaScript
```
constantForce.relativeForce = Vector3(0, 0, 1);
```

Component.renderer
var **renderer** : Renderer
附加在本游戏对象上的 Renderer （没有则为 null）。

JavaScript
```
renderer.material.color = Color.red;
```

Component.audio
var **audio** : AudioSource
附加在本游戏对象上的 AudioSource （没有则为 null）。

JavaScript
```
audio.Play();
```

Component.guiText
var **guiText** : GUIText
附加在本游戏对象上的 GUIText （没有则为 null）。

JavaScript
```
guiText.text = "Hello World";
```

Component.networkView
var **networkView** : NetworkView
附加在本游戏对象上的 NetworkView （只读)(没有则为 null）。

JavaScript
```
networkView.RPC("MyFunction", RPCMode.All, "someValue");
```

Component.guiTexture
var **guiTexture** : GUITexture
附加在本游戏对象上的 GUITexture （只读) (没有则为 null）。

JavaScript
```
guiTexture.color = Color.blue;
```

Component.collider
var **collider** : Collider
附加在本游戏对象上的 Collider （没有则为 null）。

JavaScript
```
collider.material.dynamicFriction = 1;
```

Component.hingeJoint
var **hingeJoint** : HingeJoint
附加在本游戏对象上的 HingeJoint （没有则为 null）。

JavaScript
```
hingeJoint.motor.targetVelocity = 5;
```

Component.particleEmitter
var **particleEmitter** : ParticleEmitter
附加在本游戏对象上的 ParticleEmitter （没有则为 null）。

JavaScript
```
particleEmitter.emit = true;
```

Component.gameObject
var **gameObject** : GameObject
该组件附加的游戏对象，组件总是附加在一个游戏对象上。

JavaScript
```
print (gameObject.name);
```

Object.hideFlags
var **hideFlags** : HideFlags
设置是否隐藏，保存在场景中或被用户修改。

Component.tag
var **tag** : string
此游戏物体的标签。
一个标签可以用于标识一个游戏物体，使用前必须在标签管理器中定义。

JavaScript
```
Debug.Log("Transform Tag is: " + tag);
```

Object.name
var **name** : string
物体的名字。
在游戏物体和所有附加的组件共享的相同的名字。

JavaScript
```
name = "Hello";
```

Component.GetComponent
function **GetComponent (type : Type) : Component**
返回游戏对象上某类型的组件(没有则为 null)
C#用户可以用一般版本。

JavaScript
```
// 等同于: Transform curTransform = transform;
var curTransform : Transform;
curTransform = GetComponent (Transform);

// 你可以通过脚本组件访问其他脚本。
function Start () {
    var someScript : ExampleScript;
    someScript = GetComponent (ExampleScript);
    someScript.DoSomething ();
}
```

function **GetComponent (type : string) : Component**
返回命名类型的组件，如果没有则返回 null。
用字符串替代类型是比较好的.有时或许不能得到它的类型，例如当你从 Javascript 访问 C#时，你可以用字符串替代类型。如：

JavaScript
```
// 访问同一物体上的其他公共变量和函数
var script : ScriptName;
script = GetComponent("ScriptName");
script.DoSomething ();
```

Component.GetComponentInChildren
function **GetComponentInChildren (t : Type) : Component**
返回游戏对象或其子物体上某类型的组件，没有则返回 null，搜素时深度优先。
只返回活动组件。

JavaScript
```
var script : ScriptName;
script = GetComponentInChildren(ScriptName);
script.DoSomething ();
```

Component.GetComponentsInChildren
function **GetComponentsInChildren (t : Type, includeInactive : bool = false) : Component[]**
返回游戏对象或其子物体上所有某类型的组件。
只返回激活的组件。

JavaScript
```
// 禁用游戏物体和其子物体上所有HingeJoints的spring
var hingeJoints : HingeJoint[];
hingeJoints = GetComponentsInChildren (HingeJoint);
for (var joint : HingeJoint in hingeJoints) {
    joint.useSpring = false;
}
```

Component.GetComponents
function **GetComponents (type : Type) : Component[]**
返回游戏对象或其子物体上所有某类型的组件。

JavaScript
```
// 禁用此物体上所有HingeJoints上的spring
var hingeJoints : HingeJoint[];
hingeJoints = GetComponents (HingeJoint);
for (var joint : HingeJoint in hingeJoints) {
    joint.useSpring = false;
}
```

Component.CompareTag
function **CompareTag (tag : string) : bool**
核对游戏物体的标签。

JavaScript
```
// 触发死亡触发器后销毁标签为 "Player" 的碰撞体
function OnTriggerEnter (other : Collider) {
   if (other.CompareTag ("Player")) {
      Destroy (other.gameObject);
   } }
```

Component.SendMessageUpwards

function **SendMessageUpwards (methodName : string，value: object = null，options : SendMessageOptions =SendMessageOptions.RequireReceiver)** : void

在该游戏对象的所有 MonoBehaviour 上及其父物体上调用名为 methodName 的方法。

接收方法可以选择忽略参数。设置项为 SendMessageOptions.RequireReceiver 时，当消息没有被组件接收时，打印错误信息。

JavaScript
```
// 调用 ApplyDamage 函数，参数为 5;
SendMessageUpwards ("ApplyDamage", 5.0);


// 该物体上所有脚本中的 ApplyDamage 函数将被调用
function ApplyDamage (damage : float) {
   print (damage);
}
```

Component.SendMessage

function **SendMessage (methodName:string，value:object=null，options:SendMessageOptions= SendMessageOptions.RequireReceiver)** : void

在该游戏对象的所有 MonoBehaviour 上调用名为 methodName 的方法。

接收方法可以选择忽略参数。设置项为 SendMessageOptions.RequireReceiver 时，当消息没有被组件接收时，打印错误信息。

JavaScript
```
// 调用 ApplyDamage 函数，参数为 5;
SendMessage ("ApplyDamage", 5.0);
// 此物体上所有脚本中的 ApplyDamage 函数将被调用
function ApplyDamage (damage : float) {
   print (damage);
}
```

Component.BroadcastMessage

function **BroadcastMessage (methodName:string，parameter:object=null，options: SendMessageOptions =SendMessageOptions.RequireReceiver)** : void

在该游戏对象的所有 MonoBehaviour 上及其子物体上调用名为 methodName 的方法。

接收方法可以选择忽略参数。设置项为 SendMessageOptions.RequireReceiver 时，当消息没有被组件接收时，打印错误信息。

```
JavaScript
// 调用 ApplyDamage 函数，参数为 5;
BroadcastMessage ("ApplyDamage", 5.0);
// 此物体和其父物体上的所有脚本中的 ApplyDamage 函数被调用
function ApplyDamage (damage : float){
    print (damage);    }
```

Object.GetInstanceID
function **GetInstanceID ( )** : int
返回此物体的 ID。
ID 是唯一的。

```
JavaScript
print(GetInstanceID());
```

Object.operator bool
static **implicit** function bool **(exists : Object)** : bool
核对该物体是否存在。

```
JavaScript
// 核对是否有刚体附于该 transform;
if (rigidbody)
    Debug.Log("Rigidbody attached to this transform");
```

等同于

```
JavaScript
// 核对是否有刚体附于该 transform 的另一个方法;
if (rigidbody != null)
    Debug.Log("Rigidbody attached to this transform");
```

Object.Instantiate
static function **Instantiate (original : Object，position** : Vector3，**rotation** : Quaternion)：**Object**

复制物体并返回该备份。

复制原始对象，置于 position 并设置旋转为 rotation，然后返回该复制物体。本质上与使用复制命令是相同的(Alt+D)，只是将该物体置于给定位置。如果游戏物体，组件或脚本实例被传入，Instantiate 将复制整个游戏物体的继承关系，所有的子物体将被复制，所有物体将在克隆后被激活。

```
JavaScript
// 实例化 10 个预设体的复制，并分为 2 组
var prefab : Transform;
```

```
for (var i : int = 0;i < 10; i++) {
    Instantiate (prefab, Vector3(i * 2.0, 0, 0), Quaternion.identity);
}
```

实例化多用于实例化炮弹，AI 敌人，爆炸粒子或碎屑。

JavaScript
```
// 设置速度时实例化一个刚体
var projectile : Rigidbody;

function Update () {
// 按 Ctrl 键时发射炮弹
    if (Input.GetButtonDown("Fire1")) {
// 在 transform 位置上实例化炮弹
        var clone : Rigidbody;
        clone = Instantiate(projectile, transform.position, transform.rotation);
// 给克隆物体一个沿 Z 轴的力
        clone.velocity = transform.TransformDirection (Vector3.forward * 10);
    }
}
```

Instantiate 也可以复制脚本。整个游戏对象继承关系将被克隆，并且克隆的脚本实例将被返回。

JavaScript
```
// 实例化一个附加了子弹脚本的预设体
var projectile : Missile;

function Update () {

// 按 Ctrl 键发射炮弹
    if (Input.GetButtonDown("Fire1")) {
// 在 transform 位置实例化炮弹
        var clone : Missile;
        clone = Instantiate(projectile, transform.position, transform.rotation);
// 设置子弹在 5 秒后销毁
        clone.timeoutDestructor = 5;
    }
}
```

在克隆一个物体后，也可以用 GetComponent 设置附加在克隆物体上的炮弹。

static function Instantiate (original : Object) : Object
克隆该物体并返回此克隆。

复制原始对象，置于 position 并设置旋转为 rotation，然后返回该复制物体。本质上与使用复制命令是相同的(Alt+D)，只是将该物体置于给定位置。如果游戏物体，组件或脚本实例被传入，Instantiate 将复制整个游戏物体的继承关系，所有的子物体将被复制。所有物体将在克隆后被激活。

JavaScript
```
// 当任意刚体进入触发器时实例化预设项。它预存了原始预设体的位置和旋转角度。
var prefab : Transform;

function OnTriggerEnter () {
    Instantiate (prefab);
}
```

注意：Instantiate 可以克隆任意类型的物体。

Object.Destroy

static function **Destroy (obj : Object，　t : float = 0.0F) : void**

移出一个游戏物体，组件或资源。

物体 obj 将被销毁或者 t 秒后被销毁。如果 obj 是一个组件它将从游戏对象中移除组件并销毁它，如果 obj 是一个游戏对象，它将销毁这个游戏对象，以及它的组件和所有此对象的子物体。实际的物体销毁总是延迟到 Update 之后，渲染之前完成。

JavaScript
```
// 销毁这个游戏物体
Destroy (gameObject);

// 从游戏物体中移除 this 脚本
Destroy (this);

// 从游戏物体中移除刚体
Destroy (rigidbody);

// 载入物体后 5 秒销毁该物体
Destroy (gameObject, 5);

// 按下 Ctrl 键，从游戏物体中移除脚本 FooScript
function Update () {
    if (Input.GetButton ("Fire1") && GetComponent (FooScript))
        Destroy (GetComponent (FooScript));
}
```

Object.DestroyImmediate

static function **DestroyImmediate (obj : Object，　allowDestroyingAssets : bool = false) : void**

立刻销毁一个物体。建议用 Destroy 代替之。

这个函数应该只在编写编辑器代码时使用,因为延迟的销毁将不会在编辑模式调用。在游戏代码中建议使用 Object.Destroy 代替。Destroy 总是延迟(但是在同一帧执行),小心使用这个函数,因为它将永久销毁这个资源!

Object.FindObjectsOfType

static function **FindObjectsOfType (type : Type) : Object[]**

返回找到的所有指定类型的对象。

它将返回所有资源(mesh, texture, prefab)或激活物体。

注意:这个函数执行很慢,不推荐在每一帧中使用它,在多数情况下你可以用单物体状态替代。

JavaScript
```
// 单击该物体时,将禁用场景中所有hinges上的spring
function OnMouseDown () {
    var hinges : HingeJoint[] = FindObjectsOfType(HingeJoint) as HingeJoint[];
    for (var hinge : HingeJoint in hinges) {
        hinge.useSpring = false;
    }
}
```

Object.FindObjectOfType

static function **FindObjectOfType (type : Type) : Object**

返回找到的指定类型的第一个对象。

注意:这个函数执行很慢,不推荐在每一帧中使用它。在多数情况下可以用单物体状态替代。

JavaScript
```
// 查找任意 GUITexture 类型的类型,如果找到就打印其名字,否则打印未找到信息。
function Start() {
    var s : GUITexture = FindObjectOfType(GUITexture);
    if(s)
        Debug.Log("GUITexture object found: " + s.name);
    else
        Debug.Log("No GUITexture object could be found");
}
```

Object.operator ==

static **operator == (x : Object, y : Object) : bool**

比较两个物体是否相同。

JavaScript
```
var target : Collider;
```

```
function OnTriggerEnter (trigger : Collider) {
    if (trigger == target)
        print("We hit the target trigger");
}
```

没有 target 时退出。

JavaScript
```
var target : Transform;
function Update () {
// 没有 target 提前退出
    if (target == null)
        return;
}
```

Object.operator !=

static **operator !=** (x : Object, y : Object) : bool
比较两个物体是否不同。

JavaScript
```
var target : Transform;
function Update () {
    // the target object does not refer to the same object as our transform
// 目标物体不同于我们的 transform
    if (target != transform) {
        print("Another object");
    }
}
```

Object.DontDestroyOnLoad

static function **DontDestroyOnLoad** (target : Object) : void
确保目标对象在加载新场景时不被自动销毁。

当加载一个新的关卡时场景中的物体都会被销毁，然后新关卡中的物体被加载。为了在关卡加载时保持物体不被销毁，调用 DontDestroyOnLoad。如果物体是一个组件或游戏物体，那么它的整个继承关系将不会被摧毁。

JavaScript
```
// 使该物体和其子物体在加载新场景时保留
function Awake () {
    DontDestroyOnLoad (transform.gameObject);
}
```